Die
Streichgarn- und Kunstwoll-Spinnerei
in ihrer gegenwärtigen Gestalt.

Praktische Winke und Rathschläge im Gebiet dieser Industrie.

Von

Emil Hennig,

Spinnerei-Direktor in Guben.

Mit 40 in den Text gedruckten Abbildungen.

Springer-Verlag Berlin Heidelberg GmbH 1894

ISBN 978-3-662-32279-6   ISBN 978-3-662-33106-4 (eBook)
DOI 10.1007/978-3-662-33106-4
Softcover reprint of the hardcover 1st edition 1894

Motto: Grau, theurer Freund, ist alle Theorie
Und grün des Lebens goldner Baum.

Vorwort.

Indem ich hiermit meinen Leitfaden der Streichgarn-
und Kunstwollspinnerei als das Ergebniss mehrjähriger
litterarischer Thätigkeit der Oeffentlichkeit übergebe, will ich
damit dem Spinner und Fabrikanten einen Wegweiser durch
diese Industrie bieten.

Meines Wissens giebt es bis heute kein Lehrbuch, das
sich ausschliesslich mit der Streich- und Kunstwollgarn-
Branche beschäftigt. Alle Werke aber, die sie neben andern
zum Gegenstand haben, sind zu breit angelegt und erörtern die
theoretischen Gesichtspunkte mit einer den Praktiker zuweilen
ermüdenden Gründlichkeit. Ausserdem verlangen sie in fast
allen Fällen eine solche Summe mathematischer und maschinen-
technischer Vorkenntnisse, dass sie für den Anfänger und Arbeiter nur geringen Werth haben.

Die Arbeit ist mir, dem in der Praxis alt gewordenen
Manne, nicht leicht geworden, zumal ich mich mit einer grösseren schriftstellerischen Arbeit noch niemals in meinem Leben
versucht habe. Nichtsdestoweniger hat mir der geistige Faden,
den ich in diesem Buche gesponnen, viel Freude gemacht.

Mein Buch wird, wie ich hoffe, mannigfach Beifall und
Anerkennung, ganz sicher aber auch manchen Widerspruch erfahren. Die ersteren werden mich nicht so stolz machen,
dass ich letzteren nicht angemessen zu würdigen wüsste.
Sachliche Kritik wird mir vielmehr für neue Auflagen, soweit

solche nöthig werden, von Werth und Nutzen sein und einer etwaigen neuen Bearbeitung zu Gute kommen.

Ich biete in meinem Buche vieles Neue, nicht nur bisher Ungedrucktes, sondern auch Unbekanntes, das Ergebniss langjähriger praktischer Erfahrungen in einem grossen Fabrikbetriebe, Fingerzeige, Handgriffe für vortheilhafte Förderung der Produktion und Ausnutzung des Betriebes etc. Ich habe dabei keine Rücksicht auf den etwaigen Vorwurf genommen, dass ich sogenannte Geschäftsgeheimnisse preisgebe. Denn ich wünsche, mit vorliegender Arbeit der Wollen- und Kunstwoll-Industrie zu nützen, soviel ich kann, und frage deshalb nicht danach, was der Einzelne etwa an meinem Standpunkt auszusetzen haben möchte. Das Wohl des Ganzen liegt mir am Herzen.

An dieser Stelle möchte ich denn auch gleich einen Gegenstand zur Sprache bringen, der für die weitere Entwickelung der Spinnerei von grundlegender Bedeutung ist. Ich meine die Errichtung und geeignete Organisation von Lehranstalten und Fachschulen für Spinnerei.

Diese mit dem guten alten Wort „Spinnschulen" benannten Anstalten sind je länger desto mehr eine Nothwendigkeit, die thatsächlich auch durch die Errichtung der Spinnschulen zu Aachen und Reutlingen (Württemberg) anerkannt worden ist. An beiden Orten sind die Spinnschulen mit Webschulen vereint und die Erledigung des Pensums der ersteren obligatorisch für den Besuch der zweiten, ein Beweis, dass ein untrennbarer Zusammenhang beider zugegeben wird.

Doch ist, was hier an zwei Plätzen vorbildlich geschehen, noch zu wenig im Vergleich zu der Aufmerksamkeit, welche der Weberei und auch der Färberei in dieser Richtung geschenkt worden ist. Weberei und Färberei besitzen schon lange Fachschulen und haben viel zu ihrer Förderung erfahren. Um so bedauerlicher ist es, dass die Spinnerei ihrer bisher entbehren musste. Unter tüchtiger Leitung hätten Spinnschulen schon seit lange entsprechenden Nutzen stiften können. Die Spinnschulen werden meines Erachtens sich die Aufgabe zu

stellen **haben**, den jungen Leuten ausser den nothwendigsten
theoretischen Kenntnissen vor Allem die Fertigkeiten beizu-
bringen, welche in einer gut geführten Spinnerei verlangt werden
und erforderlich sind, wenn die Schüler später als Werk-
meister und Spinnmeister Anstellung und Fortkommen
finden sollen. Spinnschulen werden als Musteranstalten ferner
auch den Fabrikanten die Möglichkeit zu bieten haben, sich
mit den Verbesserungen und Fortschritten des Maschi-
nenwesens und Spinnerei-Betriebes auf dem Laufenden zu
halten. Spinnschulen sollen endlich, übereinstimmend mit der
entsprechenden Einrichtung der Webschulen, auch strebsamen,
in Spinnereien beschäftigten Arbeitern Gelegenheit geben, sich
weiter zu bilden, um schliesslich auch höheren Anforderungen
zu genügen.

Für die grösseren Mittel, welche derartige Lehranstalten
für ihre Organisation und Unterhaltung verlangen, wie mir dies
wohl bewusst ist, müssen Staat und Kommunen helfend eingreifen. Die Bewilligung entsprechender Summen darf nicht
gescheut werden, um diese Lücke unserer textil-technischen
Vorbildung auszufüllen. Es wird damit die Saat für eine Ernte
ausgestreut werden, die ebenso dem einzelnen, vorwärts streben-
den Manne als den Fabrikanten und der Leistungsfähigkeit der
gesammten Textil-Industrie, ebenso den Kommunen als dem
Vaterlande zum Segen gereichen wird.

Es ist hier nicht am Platze, mich ausführlich über die
Organisation solcher Lehranstalten auszusprechen, so bereit
ich bin, mit meiner Kraft und Kenntniss jederzeit zu dem
Zweck rathend und unterstützend mitzuhelfen, und so erfreut
ich sein werde, dafür in Anspruch genommen zu werden. Es
liegt mir besonders daran, in dem Augenblick, wo ich als
alter Praktiker mit einem Buche an die Oeffentlichkeit trete
und gewissermaassen der Theorie zum Bunde mit der Praxis
die Hand reiche, die Gesichtspunkte genau zu bezeichnen,
unter denen ich die Spinnschule als eine Nothwendigkeit anerkannt und in den Plan der Erweiterung des deutschen Fach-
schulwesens aufgenommen zu sehen wünsche.

Noch dürfte an dieser Stelle die Mittheilung am Platze sein, dass ich dem auf Seite 78 und 79 ausführlich erörterten Gedanken inzwischen praktischen Ausdruck gegeben und für den Schutz gegen Nachbau meiner

> „Anordnung zum direkten Betriebe des Volants, unabhängig vom Wenderiemen, behufs Entlastung des letzteren"

die erforderlichen Schritte gethan habe.

Guben, im Januar 1894.

Emil Hennig.

Inhalt.

Erster Abschnitt.

Das Rohmaterial der Streichgarn- und Kunstwoll-Spinnerei.

A. Die Wolle.

Allgemeines. So lange es Menschen auf der Erde giebt, ist ihnen die Pelzdecke, worin die Natur das Schaf kleidet, sehr werthvoll gewesen. Ursprünglich benutzte man wohl, wie es heute noch vielfach geschieht, das Schaffell mit der Wolle darauf als wärmende Decke und Kleidung ausschliesslich. Weitere Entwickelung erst lehrte den Menschen, das lebende Schaf von Zeit zu Zeit, halbjährlich oder ganzjährlich, zu scheeren und die Wolle, nachdem sie gereinigt, zu Stoff zu verarbeiten.

Von den Haardecken anderer Thiere unterscheidet sich die Wolle dadurch, dass sie, von der Haut abgetrennt, nicht in einzelnen Haaren auseinander fällt, sondern ein zusammenhängendes Geflecht, das Vliess bildet, das bei Anwendung einiger Vorsicht beim Scheeren nahezu unverletzt zu gewinnen ist. Der Grund dieser Eigenthümlichkeit liegt darin, dass die aus den Haarbälgen in der Haut hervorspriessende Wolle sich in Folge der ihr beiwohnenden Kräuselung mit den benachbarten Haaren verschlingt, diese zum Theil wieder mit Nachbarhaaren u. s. f., sodass ein lockeres Geflecht entsteht, das soweit reicht, als Haare mit der Eigenschaft der Kräuselung sich darbieten. Nicht alle Haare besitzen die Eigenschaft der Kräuselung. Jedes Wollvliess enthält mehr oder weniger solcher schlichten Haare, gewöhnlich an den Stirnen oder äussersten Extremitäten der Thiere. Je edler die Wolle, um so mehr treten diese Schielhaare gegen die sich kräuselnden Flaumhaare zurück. Zunehmende Veredelung schliesst sie beinahe vollständig aus. Die

Schielhaare sind hohl und markhaltig (gleich den Glanzhaaren, welche dem Pelzwerk seinen Werth geben), die Flaumhaare massiv und marklos (gleich dem Unterhaar bei Pelzwerk, dessen starkes Vorhandensein den Werth von Pelzwerk beeinträchtigt).

Die für die Verarbeitung allein in Betracht kommenden Flaumhaare vereinigen sich auf Grund ihrer vorgedachten Eigenschaften bei fortschreitendem Wachsthum zu mehr oder weniger starken Bündeln (Flocken oder Zöpfchen), die am Grunde miteinander zusammenhängen, dem Wollstapel. Bei einem und demselben Schafe sind keineswegs alle Flaumhaare gleich dick

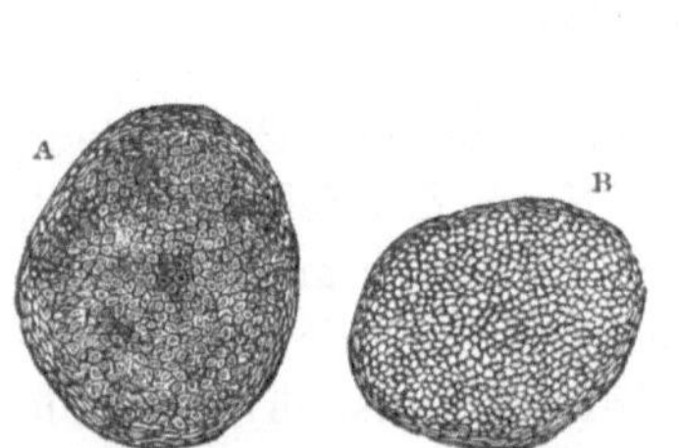

Fig. 1. Mikroskopischer Querschnitt
A einer hohlen, markhaltigen
B einer massiven, marklosen Wollfaser.

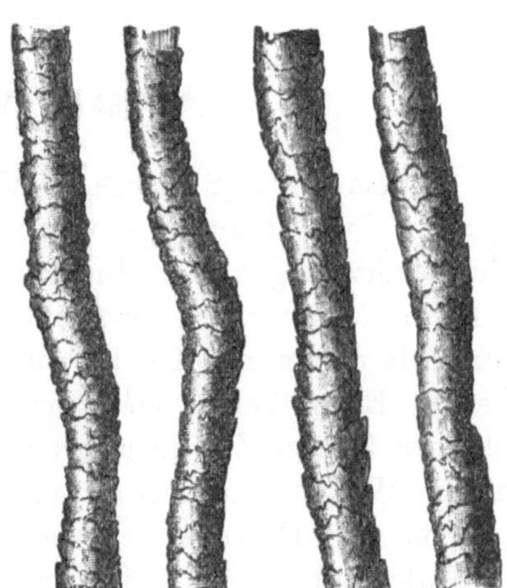

Fig. 2. Mikroskopisches Aussehen der Wollfaser.

oder gleich lang. Es ist Thatsache, dass sich in einem Vliess sehr verschiedene Qualitäten vorfinden. Diese Unterschiede sind erheblicher bei grober, als bei feiner Wolle. Eine Wolle ist, ganz abgesehen von ihren andern Eigenschaften, in dem Grade edler und „treuer", je mehr diese Unterschiede der einzelnen Theile des Vliesses verschwinden, je besser sie „ausgeglichen" ist. Vollständige Ausgeglichenheit ist nicht zu erreichen. Die Rückenwolle, die Wolle an den Seiten und am Bauch der Thiere ist stets in Länge, Kräuselung etc. abweichend von der am Kopf und an den Beinen. Daraus ergiebt sich als erste, für die Verarbeitung bestehende Nothwendigkeit die Sortirung der Wolle. Die zweite Nothwendigkeit ist ihre Reinigung — Wäsche —, um alle das reine

Wollhaar einhüllenden, verschiedenartigen Verunreinigungen, welche die Wolle aus mehrfachen Ursachen während ihres Wachsthums aufgenommen hat, zu beseitigen.

Sortiren. Das Sortiren der Wolle geschieht nahezu ausschliesslich vor der Wäsche der geschorenen Wolle, weil die Unversehrtheit des Vliesses die Sortirung erleichtert. Nach der Fabrikwäsche vorgenommene Sortirung beschränkt sich wesentlich auf die Entfernung von Kletten, Stroh und Schielhaaren.

Das zu erwartende Sortirergebniss ist einer der wichtigsten Factoren für die Werthbestimmung der Wolle.

Das Sortiren erfolgt ausschiesslich mit der Hand, am besten auf Tischen, worauf man das Vliess ausbreiten kann. Es gehört dazu ein geübtes Auge und unverwandte Aufmerksamkeit. Die Gesichtspunkte, unter denen die Sortirung erfolgt, sind verschiedene. Meist ist es die Wolle gleicher Stapelung und gleicher Feinheit, die man zusammenbringt. Nur in wenigen Fällen sortirt man im Hinblick auf eine bestimmte Verwendung — z. B. besonders offene, spitzenfreie Wolle für Küpenblau, besonders kurze, knötchenfreie Wolle für Anmengen feiner Melangen. Aus besonders langer Wolle, die sich zur Verspinnung als Kammgarn (siehe später) eignet, schiesst man die kurze Wolle aus, welche sich besser für Streichgarn eignet. Aus für Streichgarn bestimmten Wollen entfernt man zu andern als Streichgarnzwecken gewöhnlich nur die ganz grobe Wolle.

Eine wichtige Aufgabe der Sortirung ist noch die Abscheidung etwa sich vorfindender Wolle von kranken oder todten Schafen. Solche Wolle ist theils minderwerthig, weil minder fest, theils verhält sie sich, besonders die Sterblingswolle, in späteren Arbeitsprocessen — Filzen, Färben, — anders als gesunde Wolle und muss deshalb zur Vermeidung von Nachtheilen von letzterer getrennt werden. Besondere Aufmerksamkeit erfordert auch beim Sortiren die Gerberwolle, welche von den abgezogenen Fellen geschlachteter Schafe durch Raufen oder Scheeren gewonnen ist, häufig auf Grund einer vorangegangenen Behandlung der Felle, welche die Verbindung der Wolle mit der Haut gelockert hat. Die in grossen Mengen gewonnene Gerberwolle spielt in der Streichgarn-Spinnerei (namentlich der Deckenfabrikation) eine bedeutende Rolle.

Waschen. Das Waschen der Wolle hat den oben angegebenen Zweck der Gewinnung des von allen ihm anhaftenden Verunreinigungen befreiten, reinen Wollhaares. Diejenigen Verunreinigungen, soweit sie durch Waschen und nicht, wie beim Sortiren erwähnt, durch mechanisches Herauslesen entfernt werden können, sind im Wesentlichen dreierlei: 1. Die festen Rückstände des vom Schaf aus seinen Schweissdrüsen abgesonderten Schweisses, die in Form einer ganzen Anzahl von Salzen am Wollhaar haften, in Kürze der „Wollschweiss" genannt, 2. das aus den Talgdrüsen des Schafes abgesonderte, das Wollhaar überziehende „Wollfett", 3. Unreinigkeiten verschiedener Art, Staub, Schmutz, Stallmist u. dergl.

Alle drei Verunreinigungen zusammen geben eine derartige Belastung der darin steckenden Wollfaser ab, dass letztere nur $^1/_4$—$^1/_3$ des rohen Wollgewichts bildet. Die Belastungen zu 1 und 3 werden am besten durch lauwarmes Wasser beseitigt, während diejenige zu 2 nur durch stärkere Lösungsmittel vom Wollhaar zu entfernen ist. Als solche gelten an erster Stelle fauliger Urin und Soda, welche Verseifung des Wollfettes herbeiführen. Neuerdings werden auch andere fettlösenden Mittel, Benzin, Petroleumäther, Schwefelkohlenstoff, Fuselöl empfohlen; doch macht die Praxis noch wenig Gebrauch davon. Die durch Wasser löslichen Verunreinigungen zu 1 und 3 werden meistens auf dem Rücken des Schafes vor der Schur durch die sogenannte Schafschwemme entfernt, die zu 2 stets erst nach der Schur und Sortirung. Ihre Entfernung bildet den Gegenstand der „Fabrikwäsche". In neuerer Zeit kommt das Scheeren des Schafes im gänzlich ungewaschenen Zustande sehr in Aufnahme. So geschorene Wolle geht unter dem Namen „Schweisswolle", während die auf dem Schaf gescheuerte Wolle „Rückenwäsche" heisst. Bei Verarbeitung der Schweisswolle tritt die Entfernung der zu 1 und 3 genannten Verunreinigungen erschwerend der Fabrikwäsche hinzu.

Es ist nun die Aufgabe des Fabrikanten und im Besondern des mit dem ersten Process der Verarbeitung von Wolle zu Stoff betrauten Spinners, darauf zu achten, dass immer ein reingewaschenes Material für die Spinnerei hergestellt wird, gleichviel, ob dasselbe Wolle oder Kunstwolle sei. Warum das unerlässlich ist, welches die Vortheile eines ganz reinen

Rohmaterials und die Nachtheile eines ungenügend gereinigten sind, das ist leicht verständlich.

Einmal arbeiten sich rein gewaschene Wollen leichter und angenehmer auf den Krempeln. Man hat nicht nöthig, diese so oft zu reinigen und zu putzen. Zum Andern wird das quantitative Ergebniss in der Spinnerei bei einer rein gewaschenen Wolle ein besseres sein, als bei einer mit Schmutz und Staub durchsetzten. Vor Allem liefert reines Spinnmaterial auch eine bessere Waare; denn alle Processe der Fabrikation ohne Ausnahme verlaufen glatter, wirksamer und vollkommener, wenn sich zwischen den Fasern nicht Unreinigkeiten verschiedener Art befinden. Mit einem Wort: Eine gute Wäsche ist das Fundament der Wollenindustrie im Allgemeinen und der Spinnerei im Besondern.

Es kann hier nicht die Absicht sein, eine ganz erschöpfende Darstellung dieses wichtigen Kapitels zu geben. Das würde im Widerspruch mit der ganzen Anlage des Buches und seinem Hauptzweck sein und von diesem abseits führen, so verlockend auch bei der Wichtigkeit der Wäsche ein solcher Abstecher erscheint. Ich will deshalb nur die gegenwärtig als beste und zweckmässigste erkannte Methode besprechen. Die Einzelheiten der wichtigen Operation werden dem Fachmann nichts Neues bieten, doch, wie ich hoffe, willkommen sein.

Unabhängig von allen maschinellen Einrichtungen ist erste Bedingung ein gutes weiches Wasser und eine reine unverfälschte Seife. Gerade der letztere, scheinbar unbedeutende Artikel ist schwer zu kontrolliren und daher Vorsicht geboten, es sei denn, man besitze eine Bezugsquelle, die unter Garantie liefert.

Ich bemerke hierbei, dass z. B. bei Wollen, welche in der Fabrikation zu hellen Farben bestimmt und mit schlechter oder verfälschter Seife gewaschen sind, durch diese grosses Unglück angerichtet werden kann.

Aber auch die beste Seife ist nicht im Stande, die Wolle rein zu waschen, wenn sich das Wasser nicht dazu eignet; denn es ist bekannt, dass hartes Wasser zu viel kohlensauren und schwefelsauren Kalk enthält, beides Eigenschaften, welche den Waschprocess beeinträchtigen. So lange der Kalk nicht aus dem Wasser entfernt, bleibt auch das Hinzuthun von guter Seife ohne günstigen Einfluss auf die Wäsche.

Es war oben schon von dem Unterschiede zwischen Rücken-
und Fabrikwäsche die Rede. Als der Spinner und Fabrikant
noch alle Wollen in der Gestalt der Rückenwäsche kaufte, war

Fig. 3. Gabelwaschmaschine.

ihm regelmässig die Fabrikwäsche überlassen. Das hat sich je
länger je mehr geändert. Heute hat das Angebot von Wolle
im fabrikgewaschenen Zustande eine ganz bedeutende Ausdeh-

nung angenommen, und der Spinner darf hiermit zufrieden sein, weil er sich nunmehr beim Einkauf eine genaue, fast untrügliche Kalkulation machen kann. Er begegnet sich in seinem Interesse am Einkaufe der Wolle in ganz reinem Zustande mit dem Wollproducenten, der seinerseits es vorzieht, die Wolle im Schmutz, denn als Rückenwäsche zu verkaufen. Beider Ansprüche und Wünsche zu vereinigen ist als Zwischenglied die Wollwäscherei berufen, welche vom Producenten die Wolle im Schmutz kauft, sie sortirt und fabrikmässig wäscht und dann dem Spinner und Fabrikanten im ganz reinen Zustande verkauft. Diese Entwickelung ist als eine höchst nützliche anzuerkennen. Denn ist es erstens schwer, Schweisswolle zu beurtheilen und ihren Verlust richtig zu taxiren, und zweitens nicht leicht, eine vollendete Fabrikwäsche zu leisten, so nimmt der Wollwäscher dem Spinner zwei Risiken ab. Das erleichtert den letztern unzweifelhaft, darf ihn aber nicht verleiten, sich gänzlich auf den Wäscher zu verlassen und sich des Geschäfts der Fabrikwäsche vollständig zu entschlagen; denn nur, indem er es selbst gehörig versteht und bei sich bietender Gelegenheit ausübt, wird er ihm angebotene fabrikgewaschene Wolle, die recht häufig auch Mängel aufweist, dauernd richtig zu beurtheilen wissen.

Den ersten Anstoss zu der jetzt fast allgemein gewordenen Methode, Wolle im fabrikgewaschenen Zustande zu kaufen, gaben die überseeischen Wollen aus dem Grunde, dass es in den Produktionsländern zur geeigneten Zeit am Wasser für die Schafschwemme mangelte. Auch erwies sich der Versand der Wolle im Schweiss als wohlthätig für die Erhaltung der Wolle, so unrationell es erscheinen mag, eine Menge von Ballast werthloser Stoffe um die halbe Erde zu verschiffen. Das Gesagte gilt von jeher für Buenos Ayres, in neuerer Zeit auch für Australien und das Capland. Im Wesentlichen aber sind es die Wollen vom Laplata, welche in den letzten 50 Jahren die Fabrikantenwelt allmählich an den Einkauf im fabrikgewaschenen Zustande gewöhnt und die Entstehung grosser Wollwäschereien, namentlich in Verviers, begünstigt hat.

Ohne Frage reinigen und waschen sich diese Schmutzwollen sehr angenehm und leicht, und zwar in Folge ihrer Menge von Kali- und Kalksalzen.

Im Laufe des Waschprocesses hat sich indessen herausgestellt, dass die Spitzen dieser Buenos-Aires-Wollen (Stapel) durch Schweiss und Schmutz derartig auf dem Schafe verwachsen

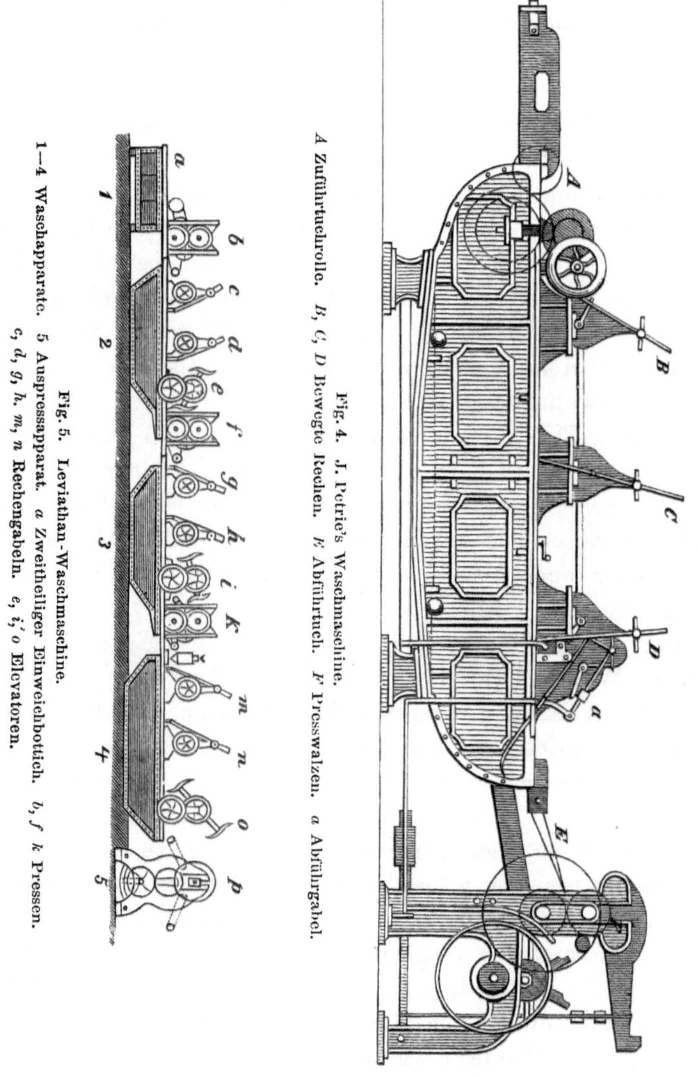

Fig. 4.   J. Petrie's Waschmaschine.

A Zuführtuchrolle.   *B, C, D* Bewegte Rechen.   *E* Abführtuch.   *F* Presswalzen.   *a* Abführgabel.

Fig. 5.   Leviathan-Waschmaschine.

1—4 Waschapparate.   5 Auspressapparat.   *a* Zweitheiliger Einweichbottich.   *b, f k* Pressen. *c, d, g, h. m, n* Rechengabeln.   *e, i,' o* Elevatoren.

und verkleistert sind, dass ein einfaches Auflösen und Aufweichen dieser Spitzen durch Seife oder Laugen fast zu den Unmöglichkeiten gehört.

In Folge dessen wurde eine maschinelle Einrichtung hergestellt, um diesen Uebelstand zu beseitigen. Die in einem Bottich eingeweichte Wolle macht die Passage durch zwei starke eiserne Druckwalzen, deren Druck noch durch zwei starke eiserne Federn vermehrt wird.

Hierdurch wird nun ein allmähliches besseres Oeffnen und Zertheilen der Stapelspitzen erreicht, und eine nochmalige Wiederholung dieser Manipulationen erzielt naturgemäss ein noch besseres Resultat.

Die Technik und die Schaffenskraft des Menschen hat sich aber mit diesen Versuchen nicht Genüge gethan, sondern neue Verbesserungen ersonnen. So wurde im Laufe der Zeit die vollkommenste Waschmaschine, der Leviathan, konstruirt, eine Maschine, welche in der That in Bezug auf Vollendung in ihrer Bauart und auf die Art, wie sie ihrem Zweck dient, nichts zu wünschen übrig lässt.

Ueber die Konstruktion und das Waschverfahren auf dieser Maschine giebt die Zeitschrift: Das Deutsche Wollen-Gewerbe, folgende interessante Einzelheiten:

Der erste viereckige eiserne Bottich nimmt die Wolle auf, welche, je nach ihrer Beschaffenheit und je nach Bedarf, längere oder kürzere Zeit entweder in warmem Wasser oder in schwacher Lauge eingeweicht wird. Die nunmehr in Thätigkeit gesetzte Auflege-Vorrichtung hebt die Wolle auf den davor liegenden Auflegetisch, welcher dieselbe dann dem ersten eisernen Walzenpaare zuführt. Direkt hinter diesen beiden Druckwalzen (Quetschwalzen) befindet sich der zweite Einweichbottich, in den die gequetschte Wolle hineinfällt, um hier von eisernen Zinken durch das zweite Waschbad hindurch nach der Vorderseite des Bottichs geführt zu werden. An dieser Stelle wird die Wolle schon von dem zweiten Auflegeapparat erwartet, der sie genau wie im vorigen Bottich nunmehr durch das zweite Walzenpaar hindurchführt, um sie abermals in die frische Lauge des dritten Einweichbottichs zu bringen.

Auch hier wiederholt sich derselbe Vorgang, wie im zweiten Bassin, und nachdem die Wolle auch das dritte Bassin passirt hat und zum dritten Male die Quetschwalzen, ist sie von allen klebenden Theilen soweit befreit, dass sie auf die Spülmaschine gebracht werden kann, um hier von der anhaftenden Lauge durch reichliches und möglichst kaltes Wasser getrennt zu werden.

Am gebräuchlichsten und auch wohl am zweckmässigsten ist das Dreibassinsystem, doch findet man auch Maschinen von Zwei- und Vierbassinsystem in Anwendung. Das Zusetzen von Waschlauge richtet sich ganz nach der Beschaffenheit der Wolle. Ein Arbeiten nach bestimmten Regeln ist ausgeschlossen. Nur die praktische Erfahrung kann gute Resultate schaffen. Im Allgemeinen geht man dabei wie folgt zu Werke. Im ersten Bassin wird die Wolle nur mit handwarmem Wasser ohne Lauge eingeweicht. Es genügt schon der Gehalt an Potasche, welche den meisten Wollen eigen ist, um die Verseifung des thierischen Fettes einzuleiten. Im zweiten, dritten und vierten Bassin wird je nach Bedarf eine schwächere oder stärkere Soda oder Urinlauge angesetzt, welche der durchpassirenden Wolle auch den letzten Rest von Fett und Schmutz entzieht.

Lange Zeit glaubte man, dass der Leviathan sich nur für den Grossbetrieb eigne, doch kommt man mehr und mehr von dieser Ansicht zurück, zumal diese Maschinen in allen Dimensionen gebaut werden, so dass sich selbst für kleinere Fabriken eine derartige Anlage schnell bezahlt macht.

Die aus der Wäsche abgehenden Schmutz- und Fetttheile werden in jeder Fabrik sorgfältig gesammelt und durch eine eigenthümliche Manipulation zur Fettgewinnung verwerthet. Diese sehr zweckmässige Einrichtung besteht darin, dass die abgehenden, mit Wollfett beladenen Waschlaugen in mehreren hintereinander liegenden, gut ausgemauerten Bassins gesammelt werden. Die specifisch leichteren Fetttheile, welche zum Theil mit Schmutz, Wollfasern und sonstigen Unreinigkeiten gemengt sind, setzen sich in dem Bassin oben an und werden regelmässig abgenommen.

Alsdann wird diese Masse in grosse Fässer gefüllt und im Weitern eben so behandelt, wie die Abgangswässer in der Walke.

Trocknen. Die althergebrachte Methode, Wolle zu trocknen, war eine sehr einfache, zum Theil recht mangelhafte. Man breitete die auf einer Wring- oder Ausdrehmaschine vom Wasser befreite Wolle auf Drahthorden oder Decken aus und liess sie im Freien durch Wind und Sonne trocknen.

Bei ungünstiger Witterung oder im Winter benutzte man die Bodenräume zum Trocknen und hing die Wolle über Stangen und Latten. Um die erforderliche Zugluft zu gewinnen, brachte man in den Trockenräumen verschiedene Luftlöcher und Zuglöcher an, wodurch die in der Wolle enthaltene Feuchtigkeit entfernt und dann je nach dem Einfluss der Witterung langsamer oder schneller getrocknet wurde.

Ohne Frage ist das Trocknen der Wolle durch die Sonne das denkbar einfachste und billigste; denn bei diesem naturgemässen Verfahren wird die Wolle immer ihren Schmelz und ursprüngliche Weichheit behalten, während durch künstliche und leicht übertriebene Trocknung ein grosser Theil dieses Schmelzes verloren gehen kann und meist verloren geht.

Zum bessern Verständniss möge man einen Versuch mit zwei Partien derselben Wolle machen, welche in einem gleichen Quantum von vielleicht 100 Kilo eingewogen sind und von denen die eine im Freien an der Sonne und die andere auf künstlichem Wege getrocknet wird. Als Resultat wird sich dann herausstellen, dass die an der Sonne getrocknete Wolle ein besseres quantitatives Resultat in der Spinnerei hergiebt, als die durch Dampf getrocknete.

Aber weder der Fabrikant noch der Spinner kann mit dem Wolletrocknen warten, bis die Sonne scheint, namentlich wenn es sich darum handelt, grosse Quantitäten Wolle zu trocknen. Wie auf allen Gebieten der Industrie namhafte Fortschritte gemacht wurden, so kam man auch bald auf die künstlichen Trockenstuben und konstruirte im Laufe der Zeit wesentlich verbesserte Trockenapparate, welche in Stand setzten, in kurzen Zwischenräumen ganz bedeutende Partien Wolle zu trocknen. Diese Apparate sind so gebaut, dass die feuchte Luft mittelst Ventilation entfernt wird. Zur Erzeugung der warmen Luft wurde ein Heizapparat angebracht, um den erforderlichen Wärmegrad zum Trocknen der Wolle herzustellen.

Bei Anlage eines solchen Trockenapparates ist darauf zu achten, dass der Heizapparat, wenn es die Lokalität irgend gestattet, unten am Fussboden der Anlage zu liegen kommt, weil die Temperatur im Raume dadurch am gleichmässigsten erhalten werden kann. Auch die Oeffnungen für die warme und für die kalte Luft müssen in ein richtiges Verhältniss zu einander gebracht werden, damit die mit Wasserdampf gesättigte Luft auch gehörig abgeführt und durch neue ersetzt werden kann. Der Abzug der Feuchtigkeit und der nassen Dünste in die freie Luft soll rationell indessen nicht von oben, von der Decke her, sondern vom Fussboden erfolgen. Ist nämlich die mit Feuchtigkeit beladene Luft bei gleicher Temperatur auch leichter, als die neu eingeführte warme Luft, so bringt die Cirkulation der Luft im Raume doch die kühlere, weil schwerere Luft nach unten, und indem man sie mit ihrem immerhin bedeutenden Feuchtigkeitsgehalt unten abzieht, verhütet man eine schnelle Abkühlung des Raumes. Dieselbe würde erfolgen, wenn man oben abzöge. Auf die Erhaltung der Wärme im Trockenraum aber kommt es vor Allem an, weil je wärmer die Luft ist, desto aufnahmefähiger für Wasserdampf.

Wenn es die Raumverhältnisse gestatten, ist es für Trockenanlagen von grosser Wichtigkeit und von besonderem Vortheil, für den Betrieb zwei Trockenräume einzurichten, von denen der eine zum Vortrocknen, der andere zum Nachtrocknen gebraucht wird. Bestimmte Angaben lassen sich indessen bei solchen Einrichtungen von Trockenstuben nicht machen, weil hierbei die lokalen Raumverhältnisse wesentlich maassgebend sind.

B. Die Kunstwolle.

Allgemeines. Kunstwolle ist aus Lumpen durch Zerreissen derselben wiedergewonnene Wolle, welche sich zum Verspinnen sehr gut eignet. Sie hat somit einen regelrechten Verarbeitungsprocess bereits hinter sich und zwar in allen seinen Abtheilungen, als da sind: Spinnerei, Weberei, Walke und Appretur, Färberei u. s. w. Man gewinnt Kunstwolle aus getragenen Kleidern, aus neuen Abschnitten wollener Waare, aus Lumpen, alten Strümpfen, Jacken, Hosen etc. etc., gleichviel von welchen Menschen diese Kleider bereits seit Jahren benutzt, getragen, gekauft und verkauft sind.

Der Ein- und Verkauf wollener Lumpen hat, seitdem man ihre Verwendung zu Kunstwolle erfunden, was kaum 60 bis 80 Jahre her ist, grossen Umfang angenommen. Die darauf gegründete Kunstwolle-Industrie ist eine die höchste Achtung gebietende. Dies muss gesagt werden, weil die Welt gern achselzuckend und wegwerfend über die auf alte Lumpen und getragene Kleider begründete Industrie urtheilt. Die wiedergewonnene Wolle verleugnet übrigens ihren schmutzigen Ursprung im Weiteren vollständig, weil sie einer so gründlichen und durchgreifenden Procedur unterworfen wird, dass reine Schurwolle kaum einer gründlicheren Reinigung unterliegt als Kunstwolle.

Die Lumpen werden sortirt, gewaschen, zerrissen, beim Färben gekocht und karbonisirt, im warmen und kalten Wasser gereinigt. Das ist ein vielseitigerer Reinigungsprocess, als irgend ein anderes Spinnmaterial durchzumachen hat.

Wenn demnach Kunstwolle auch bereits den Fabrikationsprocess durchgemacht hat und den Menschen dann später wiederum zur Bekleidung dient, so ist ihr Ursprung immer Wolle und sie besitzt ohne Frage wie diese die werthvolle physikalische Eigenschaft des Warmhaltens, unter der Voraussetzung natürlich, dass Lumpen, denen sie entstammt, nicht auch schon vegetabilische Beimischung zur Wolle enthielten.

Die Erfindung der Kunstwolle, welche aus England stammt, hat sich schnell in Deutschland eingeführt und entwickelt. Das Verdienst, diese Industrie in Deutschland zuerst in's Leben gerufen und zur Blüthe gebracht zu haben, gebührt unstreitig einem Deutschen, Herrn Gust. Köber in Cannstatt, dessen Namens an dieser Stelle in ehrender Weise zu gedenken Pflicht ist. Heute ist diese Industrie so zu sagen in der Textil-Industrie obligatorisch eingeführt, mit ihr auf's Engste verwachsen und zur Herstellung von billigen Kleiderstoffen, Winter- und Sommerstoffen, Decken und Teppichen, der Fabrikation im Allgemeinen und der Spinnerei im Besondern ganz unentbehrlich geworden. Selbst solche Fabriken, welche nur reine Wolle arbeiten, werden wohl kaum behaupten, den Artikel nicht zu kennen.

Mit einem Worte: die Kunstwollindustrie ist ein Industriezweig geworden, welcher, der Morgenröthe am Horizont gleich, sich Nutzen und Segen spendend immer mehr ausgebreitet hat.

Ich citire bei dieser Gelegenheit die eigenen Worte des oben genannten Erfinders der Karbonisation und Begründers der Kunstwollindustrie auf dem Kontinent, der bewährten Autorität auf diesem Felde:

> Kunstwolle ist kunst'ge Woll'
> Macht manchmal ganz toll;
> Doch ohne sie zu spinnen
> Lässt heut sich Nichts gewinnen.

Ueberall, wo der Fabrikant bestrebt ist, einen geschmackvollen und zugleich billigen Stoff herzustellen, ist ihm die Verwendung von Kunstwolle in der Fabrikation beinahe unentbehrlich. Neben der grossen Anzahl der andern Surrogate, wie Rauhflocken, Scheerhaare, Stuhlhaare, Wollflug, Ausputz, Trümer, Enden u. s. w., bilden die verschiedenen Marken und Gattungen der Kunstwolle schätzbares Material bei der Zusammenstellung von Mischungen in der Spinnerei. Nur ist darauf aufmerksam zu machen, dass für viele Zwecke ein zu grosser Zusatz von Kunstwolle vermieden werden muss und auch hierbei die goldene Mittelstrasse innezuhalten ist.

Kunstwolle wird gleich allen andern wollenen Abfällen niemals den Werth der Wolle erreichen, wohl aber in zahlreichen Fällen Wolle ersetzen, wenn es der Fabrikant versteht, sie an der richtigen Stelle zu verwenden.

Ganz bedeutende Fortschritte in der Fabrikation der Kunstwolle wurden gemacht durch die Erfindung und zweckmässige Einrichtung der Karbonisation, d. i. ein Verfahren, durch welches man alle vegetabilischen Stoffe mittelst Säure und Hitze zerstört, ohne den weichen Charakter der Wollfaser und ihre Haltbarkeit zu schädigen.

Die Karbonisation in ihrer heutigen verbesserten Gestalt ist eine grosse Errungenschaft und wird von allen Fachleuten gebührend geschätzt. Es wird später ausführlicher darauf zurückzukommen sein.

Die Wiedergewinnung der Wolle als Kunstwolle aus getragenen Kleidern und wollenen Lumpen aller Art und die damit zusammenhängende Verbilligung von Anzugstoffen hat wesentlich zur allgemeinen Wohlfahrt des Arbeiterstandes und zur Verbesserung seiner Lebensstellung beigetragen.

So ist unter allen Umständen die Erfindung der Kunstwolle eine Wohlthat und Niemand wird ihren Siegeslauf aufhalten, ebenso wenig als es je gelingen kann, das Rad der industriellen Entwickelung zurückzudrehen oder gegen die weitere Einführung und Verbreitung der Maschinen mit Erfolg zu agitiren.

Wenn die grosse Masse der Bevölkerung durch billige Beschaffung von Kleiderstoffen, die zum grossen Theil aus Kunstwolle hervorgegangen, in die Lage versetzt ist, den grösseren Theil ihres Einkommens für Nahrungsmittel zu verausgaben, so genügt diese Thatsache, um den unsäglich grossen Nutzen zu erläutern, den die Kunstwollindustrie durch Verbesserung der wirthschaftlichen und socialen Lage der Arbeiterwelt stiftet.

Bei diesem Anlass kann ich es mir nicht versagen, einen Augenblick bei der sogenannten socialen oder Arbeiterfrage zu verweilen, indem ich als meine persönliche Ansicht ausspreche, dass das gegenwärtige Darniederliegen unserer wirthschaftlichen Verhältnisse, der Druck auf dem ganzen nationalen Erwerbsleben, zum grossen Theil Schuld der Arbeiter selbst ist, welche nicht einsehen wollen, dass ihre Interessen mit denen der Arbeitgeber eng verbunden sind.

Die beständigen Kämpfe, welche die Industrie mit den Arbeitern zu führen hat, die hieraus entspringende Unsicherheit und wachsende Schwierigkeit des Wettbewerbes auf dem Weltmarkt, haben nicht wenig zu dem Darniederliegen unserer gesammten Erwerbsthätigkeit beigetragen.

Nimmt das Geschäft zu irgend einem Zeitpunkt einen Aufschwung, sehen die Arbeiter, dass dringende Bestellungen vorliegen, glauben sie zu merken, dass der Arbeitgeber verdient und guten Absatz seiner Waare hat, so darf man sicher sein, dass alsbald Lohnstreitigkeiten und Arbeitseinstellungen störend dazwischen treten und die Nutzbarmachung einer günstigen Lage verhindern.

Diesen Fall habe ich leider mehrere Male während meiner 40 jährigen Thätigkeit als Arbeitgeber und Fabrikleiter durchmachen müssen. Ich spreche daher aus eigener Erfahrung. Die Folgen sind dann wiederum Einschränkungen der Produktion, Entlassung von Arbeitern, Nothstand.

Unter den eigentlichen Ursachen von Arbeitslosigkeit darf darum auch die socialdemokratische Agitation nicht vergessen werden, welche erspriessliche Verhältnisse in der Arbeiterwelt nicht aufkommen lässt und somit die Grundlagen zerstört, auf denen die Wohlfahrt der Arbeiter selbst beruht.

Doch genug davon. Das Gesagte genügt zur Erhärtung der Behauptung, dass wenn, dank anderweitigen Entwickelungen, Nahrungs- und Bekleidungsmittel noch so billig werden, auch die höchst entwickelte Industrie nicht im Stande ist, allen Ansprüchen der Arbeiterwelt gerecht zu werden.

Ueber die Gewinnung und praktische Verwerthung der Kunstwolle ist am angemessensten bei den einzelnen Gattungen derselben zu sprechen, was in Nachfolgendem geschieht.

Mungo wird aus wollenen, von gewalkter Waare stammenden Tuchlumpen gewonnen, nachdem alles Fremdartige (Nähte, Leisten etc.) daraus durch Sortiren und Ausschneiden entfernt worden ist. Meist werden die Lappen und Läppchen nach Farben sortirt in den Handel gebracht. Man spricht von neuem oder altem Mungo, je nachdem dies Produkt aus neuem Tuch (Abfälle der Schneider- und Konfektionswerkstätten) oder aus altem, getragenem Tuch gewonnen ist. Auch der Mungo wird meist nach Farbe verkauft; je heller, desto werthvoller und theurer ist er.

Die Lumpen — besonders die alten — werden auf dem Shaker (Klopfer) im trockenen Zustande, wie sie vom Händler geliefert werden, gründlich ausgeklopft und entstäubt, also nicht vorher gewaschen, wie die zu andern Kunstwollen verarbeiteten Lumpen. Erst hierauf folgt die oberflächliche Sortirung nach Farben.

Der aus alten Tuchlappen hergestellte Mungo (Alttuch) hat eine sehr kurze Faser und besitzt nur geringe Walkfähigkeit, selbst wenn er beim Reissen auf's Schonendste behandelt worden ist. Die vortheilhafte Verwendung dieser Sorte beschränkt sich deshalb auf wenige bestimmten Stapel-Artikel. Englische Maschinen (siehe Ausführliches unten im Kapitel „Krempelei") sind zur Verarbeitung am geeignetsten; doch kann man auch deutsche verwenden, vorausgesetzt, dass sie entsprechende Kratzen tragen. Diese müssen auf's Straffste aufgezogen und elastisch im Zahn sein, weil sie ohne Futter sind. Die Stellung von Arbeiter und Wender gegeneinander ist so zu regeln, dass sich die Kratzenzähne ein wenig berühren und aneinander streichen, damit die ganze Produktion des Arbeiters an diesem so überaus kurzen Material voll und ganz abgenommen wird.

Für unsere deutsche Tuchfabrikation ist es besser und nützlicher, neuen, also aus neuen Tuchlappen bereiteten Mungo zu verarbeiten. Für die Spinnerei im Besonderen ist das Rendement ein günstigeres, schon weil der alte Mungo die Kratzen mehr verschmiert und verkleistert. Der höhere Preis kommt der besseren Beschaffenheit des neuen Mungos gegenüber nicht in Frage.

Der aus Buckskinlumpen gewonnene Mungo ergiebt schon ein besseres und spinnfähigeres Material, und noch angenehmer und ergiebiger stellen sich die Mungos aus hellen und weissen wollenen Lumpen. Alle diese Sachen haben indessen den Fehler, dass sie niemals ganz leinen- noch baumwollenfrei sind.

Diesen Uebelstand zu beseitigen, ist bis heute noch keinem Kunstwollfabrikanten gelungen, trotzdem die hochentwickelte Karbonisation bestrebt ist, alle und jede vegetabilischen Bestandtheile· aus halbwollenen Stoffen zu entfernen. Bei der grössten Sorgfalt und der peinlichsten Aufmerksamkeit, welche man seit Jahren diesem Artikel in der Fabrikation zuwendet, steht dem Fabrikanten kein Mittel zu Gebote, um ein Material garantirt leinen- und baumwollfrei herzustellen und dem Spinner zu liefern. Mit diesem Uebelstande muss leider noch immer gerechnet werden, will man unvermeidlichen Differenzen zwischen Käufer und Verkäufer ein für allemal aus dem Wege gehen.

Da die Gewinnung des Neumungo nur eine sehr beschränkte und die Nachfrage grösser ist als das Angebot, während Mungos aus alten Tuchlumpen massenhaft vorhanden sind, sieht der Händler oder Kunstwollfabrikant sich oft veranlasst, die alten Mungos mit neuen je nach Erfordern der Kalkulation in einem bestimmten Procentsatz zu mischen, resp. alte und neue Lumpen zusammen zu verarbeiten. Es gehört selbstredend der Blick eines sehr geübten Kenners dazu, beim Einkauf dergleichen gemengte Waare richtig zu taxiren und nach Maassgabe ihres Werthes zu bezahlen. Das ist „Kunst und Wissenschaft" für den Fachmann und wer nicht Jahre lang damit vertraut ist, sollte die Hand davon lassen. Schon mancher Fabrikant hat dabei sein gutes Geld verloren.

Einen schönen, langen, spinn- und walkfähigen Mungo erhält man aus neuen blauen Lumpen, die schon in der Wolle echt Indigoblau, sogenanntes Küpenblau, gefärbt sind. Aber auch bei diesem Material ist der Kunstwollfabrikant nicht in der Lage, eine Garantie zu übernehmen, dass die Waare rein leinen- und baumwollfrei geliefert wird. Da sich unsere heutigen wirthschaftlichen und industriellen Verhältnisse in ihrer grossen Mehrheit einer sich täglich verändernden Mode anzupassen haben, so hat sich im Laufe der Jahre mehr und mehr das Bedürfniss herausgestellt, die Mungos gleich getrennt in den verschiedensten Farben zu liefern und dies geschieht in der Weise, dass entweder, wie oben schon gesagt, die Lappen gleich nach den Farben sortirt, oder dass sie besonders gefärbt werden. Man erhält demnach heute in allen Farben Mungos aller Schattirungen, ein Umstand, welcher die Spinnerei und die Fabrikation wesentlich erleichtert.

Allerdings hat der Färbeprocess für die Mungos aus Alt- wie Neutuch den Nachtheil, dass hierdurch die ohnehin schon geringe Spinnfähigkeit derselben weiter beeinträchtigt wird.

Hauptaufgabe bei Herstellung eines guten Mungos bildet die richtige Wahl der maschinellen Einrichtung und die richtige Handhabung derselben. Die Reissmaschine muss die Wollfaser möglichst schonen und lang reissen, nämlich zu Fäden und Fasern, nicht zu Pulver, wie letzteres so häufig auf schlechten Maschinen mit schlechten stumpfen Stiften geschieht. Diese Reissmaschinen werden in Rittershausen, Barmen und von Kohllöffel in Reutlingen in ganz vorzüglicher Ausführung als Specialität gebaut, was bei dem herrschenden Vorurtheil zu Gunsten von England an dieser Stelle betont werden soll.

Es folgt aus dem bisher Gesagten, dass der Mungo durch diese verschiedenen Manipulationen einem anstrengenden Verarbeitungsprocess unterliegt, welcher die ursprüngliche Wollfaser stark zerreisst und verkürzt und hiermit zusammenhängend ihre durch den Gebrauch im Tragen schon geschwächte Filz- und Walkfähigkeit ganz bedeutend vermindert, ganz ungerechnet die Anstrengung des Haares durch die Karbonisation. Bei Alt- Mungo aus Tuch steigert sich dies, weil gerade Tuch von der grossen Masse der ärmeren Bevölkerung am längsten und andauerndsten abgetragen wird.

Für die Herstellung eines guten Mungo ist ferner ein gutes reines Oel, schon mit Rücksicht auf den spätern Spinn- und Fabrikationsprocess Hauptbedingung. Säurefreies Oleïn oder noch besser reines Olivenöl, selbst auf die Gefahr, dass letzteres etwas theuer im Preise zu stehen kommt, ist das Empfehlenswertheste.

In der Streichgarnspinnerei hat das Einölen der Wolle den Zweck, dieselbe geschmeidiger und weicher für den Spinnprocess zu machen und somit unnöthiges Zerreissen und Verluste zu verhüten. Dieselbe Nothwendigkeit tritt auch bei der Verarbeitung wollener Lumpen und der aus ihnen gewonnenen Kunstwolle in den Vordergrund. Schon den Tuchlumpen ist deshalb vor dem Reissen gutes Oel zuzusetzen. Gerade diejenigen Lappen, welche den meisten Schmutz haben, erfordern zu ihrer Lösung und Aufarbeitung das beste Oel.

Frisch gearbeitete Mungos verarbeiten sich in der Spinnerei am besten, während in auf Lager gearbeiteten und fest in Ballen verpackten Mungos, namentlich bei Verwendung von schlechten Oelen, sich leicht Gährungsprocesse entwickeln, welche Verstockung, Verbrennung, selbst Feuersgefahr zur Folge haben. Beiläufig sind unsere Geruchsnerven (die Nase) die besten und untrüglichsten Mittel, um sofort zu erkennen, ob der Mungo mit schlechtem oder gutem Oel gemengt ist, und ob zu viel Oel darin enthalten oder die richtige Grenze innegehalten ist.

Wenn schon die Verwendung von schlechten, ganz besonders von fossilen Oelen Nachtheile für den Kunstwollfabrikanten und den Spinner hat, so machen sich die üblen Folgen noch ungleich mehr in der Buckskinfabrikation geltend, da sich dergleichen Mungos in der Walke nur schwer verseifen. Ja dieser Umstand lässt es geradezu als ein Unrecht erscheinen, dem Spinner resp. dem Fabrikanten so behandelte Mungos oder Garne zu verkaufen, ohne ihn von der Anwendung mineralischer Oele und den daraus zu erwartenden Schwierigkeiten bei der Verseifung zu verständigen.

Schliesslich gebietet schon das Renommé des Hauses und der Wunsch, weitere Geschäfte zu machen, dem Spinner und Fabrikanten nur solche Waare zu liefern, welche seinem Zweck

2*

entspricht. Ohne guten Glauben auf beiden Seiten, ohne gegenseitiges Vertrauen ist eine gedeihliche Entwickelung umfangreicher und angenehmer Geschäfte auf diesem, wie auf allen Gebieten nicht denkbar.

Shoddy. Ursprung, Gewinnung und Fabrikation des Shoddy weicht bedeutend vom Mungo ab. Rohstoff des Shoddy sind ausschliesslich nicht gefilzte, nicht gewalkte Lumpen, also zumeist Reste gestrickter, gewirkter, gehäkelter Waaren, denen sich von gewebten Waaren ungefilzte Decken, Teppiche, Lamas, Tücher, Flanelle, Thibets, Cachemires, Merinos etc. zugesellen. Es ist einleuchtend, dass aus allen diesen nicht gefilzten Stoffen das ursprüngliche Wollhaar besser, leichter und wirksamer zu lösen ist, dass es länger und dem natürlichen Wollhaar erheblich ähnlicher zu gewinnen ist, als der Mungo.

Man kann wohl behaupten, dass Shoddy ein gesundes, kräftiges und verhältnissmässig langes Rohmaterial darstellt, ein Material, welches sich im Krempelprocess angenehmer und ungleich leichter verarbeitet als die schweren, kurzen Mungos. Shoddy eignet sich ganz besonders in der Spinnerei zu bestimmten Mischungen mit Wolle und Kämmlingen unter der Voraussetzung, dass auch hier die goldene Mittelstrasse bei Zusammenstellung der Partien innegehalten wird. Nur in diesem Falle wird man ein glattes Gespinnst und gutes Rendement in der Spinnerei erhalten.

Die Shoddylumpen werden heute schon sortirt auf den Markt gebracht, nachdem Nähte, Stopfen, Baumwolltheile sorgfältig durch Ausschneiden entfernt sind. Die schlechten aussortirten Theile werden theils karbonisirt oder unter der Bezeichnung Seams (Säume) in den Handel gebracht, sie haben indessen nur einen sehr untergeordneten Werth und besitzen absolut keine Walkfähigkeit.

Man sortirt auch die Shoddylumpen behufs Erleichterung im Verkehr gleich nach Farbe und Qualität. Die weissen, hellen Sachen sind sehr gesucht und besitzen in der That eine ganz bedeutende Spinnfähigkeit, sobald die maschinelle Einrichtung in der Spinnerei speciell diesem Material angepasst wird. Ist das der Fall, so erzielt man mit Leichtigkeit aus reinem Shoddy ohne Beimischung von Wolle oder Baumwolle ein schönes, egales 2- und 3-stückiges Gespinnst, eine Art imitirten

Streichgarns, das in grossen Quantitäten in den Weberei-distrikten in Mülhausen, Gladbach u. s. w. erfolgreich Verwendung findet und in dem dortigen Industriebezirk einen umfangreichen und stark gefragten Handelsartikel bildet.

Die gestrickten Lumpen werden nach dem Sortiren sehr gründlich entstäubt, gereinigt und unterliegen dann einem nicht minder gründlichen Waschprocess. Nachher kommen sie auf den sogenannten Nassreisser, werden getrocknet, mit einem guten Olivenöl angefettet und so fertig gestellt. Der Nassreisser arbeitet mit einem grossen Aufwand von Kraft und Geschwindigkeit und hat den Zweck, nachdem die Lappen vom überflüssigen Wasser befreit sind (was auf der bekannten Ausschleuder geschieht), eine möglichst lange Wollfaser zu liefern. Eine wirklich reine und gute Wäsche kann bei Shoddy indessen nur nach dem Reissen erzielt werden; denn der gestrickte Lumpen enthält, schon wegen seiner lockeren Bindung, eine solche Menge von Schmutz und Unreinigkeiten, dass man diese nur unter Anwendung von starken Laugen oder andern Lösungsmitteln in der Wäsche zu entfernen im Stande ist.

In England, wo die Kunstwollindustrie am meisten entwickelt ist, beliebt man ein anderes Verfahren und arbeitet mit Vorliebe trocken gerissene Shoddys in den Fabriken, ein Umstand, welcher nach diesseitiger Erfahrung den Nachtheil hat, dass sich dieses trockne und ohne Zusatz von Oel hergestellte Material auf der Maschine viel kürzer reisst als bei Anwendung des Nassreissers, der auf dem Kontinent allgemein üblich ist. Das empfehlenswertheste Verfahren, um einen langen, reinen und tadellosen Shoddy herzustellen, ist, die Lumpen gut zu schäkern, mit reinem Oleïn anzufetten, zu reissen und dann mit starker Soda zu waschen.

Die auf diese Weise behandelte Shoddywolle ergiebt ein vorzügliches Rendement in der Spinnerei und ein schönes Stück Waare in der Fabrikation.

Wenn man bedenkt, welche peinliche Sorgfalt man in den grossen Wollwäschereien auf das Waschen der Wolle anwendet, sollte man auch bei der Shoddywolle, die ein so schätzbares Surrogat in der Fabrikation bildet, ähnlich vorgehen. Ohne Frage ist es, um schöne Farbe und schönes, tadelloses Gespinnst zu erzielen, eine unbedingte Nothwendigkeit für die Fabrikation im Allgemeinen und den Spinner im Besonderen, nur rein gewaschenen Shoddy zu kaufen und zu arbeiten, auf die Gefahr hin, dass sich der Preis etwas höher stellt, als bei den andern Sorten, die mit Staub, Schmutz und allerlei Unreinigkeiten beschwert sind.

Noch sei bemerkt, dass unter den verschiedenen Sorten Kunstwollen der Thibet einen hohen Rang einnimmt. Derselbe wird in den grossen Kammgarnwebereien gewonnen, seine Existenz datirt erst aus dem Jahre 1868. Auch in denjenigen Fabriken, Webereien, wo viel Streichgarn mit Kammgarn zusammen gearbeitet wird, werden die rein kammwollenen Thibetlappen für sich gesammelt, was indessen nicht ausschliesst, dass unter dem Namen Thibet, nach Farben sortirt, auch die Shoddys aus allen ähnlichen Geweben, wie Cachemir, Mousseline, Orleans etc. in den Handel kommen. Eine Musterkollektion von Thibet-Mungos in schöner Aufmachung zu prüfen, gilt dem Fachmann als Hochgenuss.

Trotz seiner geringen Walkfähigkeit ist der Thibet in seinen schönen langgestreckten Fäden, — der praktische und erfahrene Spinner will Fäden kaufen, keine zerrissene Waare, — für die Buckskinfabrikation ganz besonders wichtig, vortheilhaft und beinahe unentbehrlich.

Der Fabrikant ist durch rationelle Verwerthung desselben in der Spinnerei in die Lage gebracht, sich seine Stoffe sehr billig herzustellen.

Unerwähnt soll nicht bleiben, dass gerade unsere kontinentalen Streichgarnspinner bei der Art ihrer maschinellen und technischen Einrichtungen in der Lage sind, dieses für ihre Fabrikation unentbehrliche Material mit grossem Nutzen zu verwerthen. Es wird denn auch in recht ergiebigem und reichlichem Maasse hiervon Gebrauch gemacht, indem man aus einer Mischung 3- und 4stückiges tadelloses Garn spinnt, welche 60 bis 70 % reinen Thibet enthält.

Karbonisation und Extrakte. Ueber Erfindung der Karbonisation und rationelle Karbonisations-Einrichtungen enthält die Zeitschrift „Das Deutsche Wollen-Gewerbe" in Grünberg, Jahrgang 1885, eine Preisarbeit aus der Feder von Robert Scheuerle in Bischweiler i. Elsass, an deren Darstellung ich mich im Nachfolgenden angelehnt habe.

Die Erfindung der Karbonisation (Zerstörung der Pflanzenfaser in Mischungen von Pflanzenfaser und Wolle) ist noch nicht alt. Sie wurde vor ungefähr 40 Jahren durch Gustav Köber gemacht und zuerst in England, später auf dem Kontinent durch den genannten Erfinder in Cannstatt eingeführt. Die Gewinnung der sogenannten Extrakte, Alpaka, Warp u. s. w. aus halbwollenen Kleiderstoffen durch Zerstörung der vegetabilischen Faser ist mit den Jahren ein grosser Industriezweig geworden, ihre Herstellung ist im Allgemeinen billiger und einfacher als diejenige von Mungo und Shoddy. Der Schwerpunkt der Karbonisation liegt in der Beseitigung der vegetabilischen Stoffe, also, wie schon oben bemerkt, in der vollständigen Zerstörung der Pflanzenfaser u. A. in Lumpenmaterial, welches solche enthält, mittelst Schwefelsäure oder Salzsäure. Gustav Köber, der vor einigen Jahren gestorbene Erfinder, dessen Wirken und Schaffen bereits in der Einleitung zu diesem Kapitel lobend und in Ehren gedacht worden ist, hat leider die Früchte seiner Arbeit nicht ernten können, da er es versäumt hatte, sich rechtzeitig ein Patent zu sichern, während Andere, auch in Frankreich, Millionen an dieser Erfindung verdient haben.

Die Karbonisation der halbwollenen Lumpen geschieht entweder durch Beize mittelst Schwefelsäure auf nassem Wege, oder durch Behandlung der Lumpen in einem hermetisch verschlossenen Raum (Ofen) mittelst trockner Gase, also durch trockne Beize, wie der Ausdruck lautet.

Vielfach werden auch Chloraluminium, oder Chlormagnesium in der Extraktfabrikation zum Karbonisiren der Lumpen angewendet. Nachdem sie den Aetzungs- bezw. Verkohlungsprocess im Ofen durchgemacht, werden die Lumpen auf dem Klopfwolf oder Shaker mechanisch bearbeitet. Die Maschine ist eigens für den Zweck konstruirt und entfernt mittelst eines an ihrem oberen Theil angebrachten Exhaustors sämmtliche Schmutz- und Staubtheile, einschliesslich der zu Pulver verbrannten vegetabilischen Faser.

Dass die Walk und Filzfähigkeit der auf solche Art gewonnenen Wollfaser durch diese Manipulation Schaden leidet, unterliegt keinem Zweifel. Man verwendet diese Extrakte denn auch zum grössten Theil nur zu Unterschussgarnen und zu solchen Stoffen, welche im Ganzen nur wenig Walke verlangen oder auch zu solchen Geweben, deren Bindung so angelegt ist, dass sie beim Walken bequem und ohne Anstrengung die vorgeschriebene Länge und Breite erhalten.

Die Verbrennung und Verkohlung der vegetabilischen Bestandtheile der Lumpen geschieht im Karbonisationsofen so vollständig, dass der Shaker nur den Staub zu beseitigen bezweckt, womit dieser wichtige Process erledigt ist.

Die Extraktfabrikation, d. h. die Fabrikation derjenigen Kunstwolle, die aus halbwollenen Lumpen mittelst Karbonisation gewonnen wird, hat, wie schon bemerkt, in Deutschland sehr grosse Ausdehnung gewonnen. Sie bildet mit den von ihr alimentirten Unterschussgarnspinnereien eine sehr bedeutende Industrie für sich und tritt noch für fremde Extrakte, namentlich solche aus England, als Käufer auf, da die englische Wollenindustrie dafür weniger Verwendung hat, wie im Allgemeinen der englische Markt für karbonisirte Kunstwolle sehr geringe Aufnahmefähigkeit besitzt.

Die Erzeugung und Gewinnung von Extrakten spielt deshalb wohl in keinem Lande der Erde eine so bedeutende und wichtige Rolle nach der industriellen wie kommerciellen Seite wie in Deutschland. Auf ihr beruht heute die ganze grossartige Berliner Wollenwaarenindustrie, da wir uns dieselbe ohne die billigen Alpakaunterschüsse gar nicht denken können, und die damit eng verbundene bedeutende Damenkonfektion, welche den ganzen Weltmarkt beherrscht, Tausende von fleissigen Arbeitern ernährt, und Hunderte von Millionen im Jahre umsetzt.

Auf diesem Gebiete hat also die Karbonisation das Grossartigste geleistet, und wir dürfen auf dieselbe als eine deutsche Erfindung mit Recht stolz sein.

Das Verspinnen der Wolle und Kunstwolle.

Allgemeines. Der Zweck des Spinnens ist die Vereinigung der losen und regellos durcheinander liegenden Wollhaare zu einem Faden von gleichmässiger Stärke und Drehung. Je nachdem man bei diesem Process darauf ausgeht, die Haare glatt nebeneinander zu legen und durch Auskämmen der wesentlich kürzeren nur die längeren Haare zur Fadenbildung zu verwenden, oder aber diese Rücksicht ausser Acht lässt und nur im Allgemeinen eine Streckung und regelmässige Vereinigung der verschieden langen Haare erstrebt, spricht man davon, dass man nach dem Kamm- oder nach dem Streich-Princip verfährt. Der charakteristische Unterschied beider Verfahrungsweisen ist durch diese Bezeichnungen klar bestimmt. Kämmen und Streichen sind im Grunde genommen gleichartige Thätigkeiten und nur im Grade verschieden. Man könnte deshalb sagen, Kammgarn sei ein vollkommeneres Produkt als Streichgarn; aber man würde damit nicht das Richtige treffen. Denn es sind keineswegs beide Operationen auf jedes Wollmaterial anwendbar. Es giebt nur wenige Wollen, die ebenso nach dem Kammgarn- als nach dem Streichgarn-Princip gesponnen werden können. Für die erstere Behandlung eignen sich ausschliesslich die langen Wollen, deren Fasern eine gewisse Minimallänge haben, die im Lauf der maschinellen Entwickelung hat herabgesetzt werden können. Für Streichgarn eignen sich dagegen vornehmlich die kurzen und alle diejenigen Wollen und Wollmischungen, in denen grössere Verschiedenheiten in der Haarlänge vorliegen und miteinander ausgeglichen werden sollen, ohne dass ein nennenswerther Haarverlust eintritt. Nach dem Streichgarn-Princip ausschliesslich sind solche Wollen zu spinnen, die zu Stoffen bestimmt sind, welche dem Filzprocess unterworfen werden sollen; denn im Streichgarnfaden allein befinden sich die Wollhaare in der ihrem Verwachsen und Verschlingen beim Walken förderlichen, mehr gekreuzten als gestreckten Lage.

Das vorliegende Buch beschäftigt sich nur mit der Streichgarn-Spinnerei und der auf ihre Principien begründeten Kunstwoll-Spinnerei und wird nur gelegentlich die Kammgarn-Spinnerei zu erwähnen haben, insofern die letzte Operation beider Verfahrungsweisen, die Feinspinnerei, beiden gemeinsam, und ein wichtiges Material für die Streichgarn-Spinnerei die in der Kammgarn-Spinnerei ausgekämmte kürzere Wolle, der Kämmling, ist.

Der Streichgarn-Spinnprocess zerfällt in zwei Haupttheile: die Vorspinnerei oder Krempelei und die Feinspinnerei.

Aufgabe der Krempelei ist, die Fasern schonend zu öffnen, zu streichen, die darin enthaltenen Unreinigkeiten (Sand, Stroh, Kletten etc.) nach Möglichkeit zu entfernen und Wollvliesse oder Bänder, als Schlussergebniss aber in jedem Falle schmale, florartige Bänder herzustellen, welche die Wollfaser in allen Theilen gleichmässig vertheilt enthalten und zu einem lockeren, cylindrischen Faden leicht zusammengedreht (genudelt) als sogenanntes Vorgarn der Feinspinnerei übergeben werden.

Aufgabe der Feinspinnerei ist, aus diesem Vorgarn einen feineren Faden auszuziehen und demselben durch Drehung die erforderliche Festigkeit zu geben.

Die Krempelei entspricht ihrer Aufgabe schrittweise, indem sie die Wollhaare zu einem Flor, worin die einzelnen Haare, in den verschiedensten Richtungen gekreuzt, netzartig liegen, vereinigt, dann aus einzelnen Lagen Flor eine dichtere Watte, Wollvliess oder Pelz genannt, herstellt, und diesen Pelz, nachdem er durch Wiederholung der Operation immer regelmässiger geworden und die Fasern immer gleichmässiger gestreckt und geordnet enthält, wiederum in Florstreifen auflöst oder umbildet, welche, durch gelinde Drehung (Nudelung) zusammengefaltet und zusammengedrückt, das Vorgarn bilden. Dreierlei Operationen sind sonach bei diesem Arbeitsgange zu unterscheiden: Lösen, Egalisiren und Theilen. Die erste fällt

den Vorbereitungsmaschinen und der ersten Krempel (Reisskrempel) zu, ihrem Tambour, den Arbeiter- und Wenderwalzen.
Die zweite, in ihren Anfängen mit der ersten verschmolzen, beginnt auf der ersten Krempel und setzt sich auf der zweiten
(Feinkrempel) und dritten (Vorspinnkrempel) fort. Die dritte
endlich liegt dem Peigneur der dritten Krempel (Continue) und
den mit diesem verbundenen verschiedenartigen Flortheilungs-
apparaten ob.

Die Feinspinnerei entspricht ihrer vielseitigen Aufgabe,
insofern ihr auch obliegt, geringere und grössere Feinheitsgrade,
Minder- und Mehrdrehung auf das gleiche Vorgarn zu übertragen und in dem letzteren enthaltene kleine Unregelmässig-
keiten auszugleichen und vor Allem einen in allen Theilen
gleichartigen, gleich festen, gleich starken, gleich gedrehten
Faden herzustellen, mit Hülfe von drei charakteristischen Maschinen, der Kraftspinnmaschine (Mule Jenny), dem Selbstspinner (Selfactor) und dem Spinnstuhl (Métier fixe, Ring-
Throstle).

Erstes Kapitel.

Der Krempel- oder Vorspinnprocess und die ihn vorbereitenden Arbeiten.

Allgemeines. Das Grundprincip der Krempelei, die Art, wie
die Wolle auf der Maschine gelöst und aufgearbeitet wird, ist
heute noch genau dasselbe, wie vor 50 und 100 Jahren. Denn
im Grunde genommen ist die Krempel in allen ihren Bewegungen,
in den Beziehungen der einzelnen Walzen zu einander nichts
anderes, als die Uebertragung der uralten Aufarbeitungsart mittelst
flacher Zeesbrettchen auf Cylinder. Dieser kühne Gedanke ist
zuerst von Lewis Paul in Birmingham um 1740 gefasst worden.
Schon um 1785 besass die Krempel alle wesentlichen Theile,
die sie noch heute besitzt. Seitdem sind unter Aufrecht-
haltung des kaum zu übertreffenden Grundprincips wesentliche Aenderungen und Verbesserungen angebracht worden; die
Züge des Originals erkennt man aber ohne Schwierigkeit. Die
Verbesserungen beziehen sich ebenso auf qualitativ bessere, vor-
theilhaftere und schonendere Verarbeitung der Wolle, als auf
eine quantitativ erheblich gesteigerte Leistungsfähigkeit.

In Deutschland haben Cockerill und Rich. Hartmann sich grosse Verdienste um den Bau und die Verbesserung dieser Spinnereimaschinen erworben.

Hartmann war der erste, welcher den genialen Gedanken erfasste und verwirklichte, das Wollvliess nicht mehr in Locken, sondern auf der Zweipeigneur-Continue zu Faden zu nudeln, eine Erfindung, welche sich wegen ihrer auf der Hand liegenden Vortheile vor ungefähr 50 Jahren in den industriellen Kreisen Bahn brach. Auch dies war indessen nur ein Ausbau, eine weitere Vervollkommnung des ursprünglichen Gedankens. Wenn vor 50—100 Jahren ein Satz Maschinen aus 3 kleinen, 30″ breiten Krempeln bestand, deren jede einzelne 1 Tambour, 4 Arbeiter, 4 Wender, 1 Volant und 1 Abnahmewalze besass, um das Wollvliess herzustellen, so baut man diese Maschine heut noch auf der gleichen Basis, wenn auch in ganz wesentlich verbesserter Konstruktion und grösserer Leistungsfähigkeit, nämlich in einer Arbeitsbreite von $1^{1}/_{2}$ Meter, also noch einmal so breit als früher. Es wird später auf den Bau und die Leistungsfähigkeit dieser Maschinen näher eingegangen werden. Für jetzt genügt der Hinweis darauf.

Vor ihrem Uebergang auf die Krempel haben alle Wollen und Spinnmaterialien zunächst eine gründliche Vorbereitung durchzumachen.

Die Vorbereitungsmaschinen. Wie es der Name sagt, haben diese Maschinen die besondere Aufgabe, die Wolle für den nachfolgenden, eigentlichen Krempelprocess vorzubereiten, sie von mechanisch anhaftendem Staub und Schmutz zu reinigen und von Stroh und Samen zu befreien, die auf den Weiden in die Wolle gekommen, auch sie zu entkletten. Viel ist an Vorbereitungsmaschinen hin und her versucht worden, bis man nach mancherlei Neuerungen und scheinbaren Verbesserungen, die sich durchgehends auf die Dauer nicht bewährten, auf die beiden Maschinen zurückkam, mit denen man den Anfang machte, als die Maschinentechnik sich zuerst dieser Aufgabe zuwandte, auf den Klopfwolf (Shaker) und den Reisswolf. In immerhin etwas veränderter und verbesserter Gestalt sind sie jeder Spinnerei unentbehrlich geworden.

Der Klopfwolf (Shaker). Diese Maschine hat im Wesentlichen den Zweck, die Wolle dadurch für den Krempelprocess vorzubereiten, dass sie dieselbe entstäubt und reinigt.

Der Klopfwolf hat somit eine sehr wichtige Aufgabe zu erfüllen, da der Vortheil einer sorgfältigen Reinigung des Materials augenfällig ist.

In neuer Zeit hat man auch in Deutschland angefangen, eine Maschine zu konstruiren, wie solche in England seit längerer Zeit in Gebrauch ist, welche den doppelten Vortheil bietet, dass sie durch zweierlei Siebe, — Doppelsiebe, — das Material von den meisten mechanischen Verunreinigungen, Staub und Schmutz reinigt, ohne die Wollfaser durch Zerreissen übermässig anzugreifen.

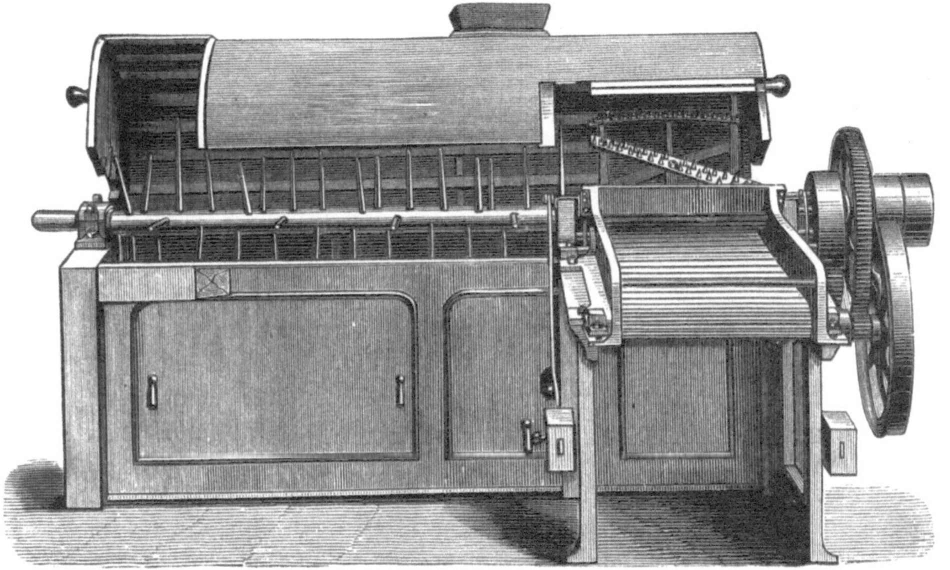

Fig. 6. Klopfwolf.

Zum Schutze des Arbeiters gegen den für Hals und Lungen gesundheitsschädlichen Staub sind jetzt wohl überall Ventilatoren angebracht, die mit den in der Wolle enthaltenen Staubtheilen auch die verdorbene Luft durch dicht verschlossene Kanäle meist nach oben ins Freie führen.

Die hier gebotene Zeichnung eines verbesserten Klopfwolfes aus der Fabrik von Oscar Schimmel & Co. in Chemnitz giebt ein kleines Bild dieser wichtigen Maschine, mit allen wesentlichen Verbesserungen der Neuzeit.

Der Wolf hat einen seitlichen Auflegetisch mit Lattenzuführung. Auf diesen wird das Material in nicht zu grossen

Mengen aufgelegt und zwischen zwei eisernen Druckcylindern der Hauptwelle zugeführt. In der Breite des Auflegetisches befinden sich auf der Hauptwelle, wie an der Zeichnung zu sehen, sechs schräg gestellte Leisten oder richtiger Bogen, mit starken, kurzen Stahlstiften besetzt, die das ihnen zugeführte Material, nachdem es die beiden Druckcylinder passirt, lockern und auflösen, wobei eine gelinde Zerreissung unvermeidlich ist. Hinter diesem kleinen Reisswolf befinden sich dann auf der Hauptwelle 30 cm lange, eiserne konische Stifte (auf der Zeichnung links), durch welche das Material in schneckenförmiger Führung hindurchpassirt, um an der Seite ausgeworfen zu werden. Durch diesen Arbeitsprocess wird die Wolle gleichzeitig aufgelöst, schonend geöffnet und von Schmutz befreit.

An der unteren Seite des Klopfwolfes ist in seiner ganzen Länge ein Drahtsieb angebracht, durch welches hindurch alle Schmutztheile auf den Boden fallen.

Zu bemerken ist hierbei, dass gerade die Konstruktion dieses Drahtsiebes für das Arbeitsergebniss des Klopfwolfes von ganz ausserordentlicher Wichtigkeit ist, indem seine Oeffnungen oft mit so wenig Verständniss angebracht und vor Allem so klein gemacht werden, dass die durch den Klopfer gegangene Wolle eben so schmutzig und unrein ist wie vorher; denn Sand, Schmutz und Staub können nicht hindurchfallen, die kleinen, rundlichen Löcher verstopfen sich in kurzer Zeit ganz und gar, und die beabsichtigte Reinigung wird vereitelt.

In solchen Fällen wird Unkenntniss mit Vorliebe die Schuld der Konstruktion beimessen, während doch nach Einstellung eines andern Siebes, einer gut konstruirten Draht- (nicht Blech-) Horde mit sauber geschmirgelten, in der Richtung des Tambours gehenden Drähten, der Uebelstand sofort gehoben sein wird. Auch darf die Sorge, dass bei grossen Löchern ein entsprechend grösserer Verlust an Wolle zu beklagen sein wird, kleinere Oeffnungen am Siebe nicht als den geringeren Uebelstand erscheinen lassen: es wird immer und unter allen Umständen vortheilhafter sein, einen minimalen Mehrverlust an Wolle in den Kauf zu nehmen, als immer wieder das Sieb verstopft, den Betrieb gestört und die Wolle entweder gar nicht oder nur mangelhaft gereinigt zu finden.

Selbstredend darf die Horde oder das Sieb nicht allzu weit

sein; denn die Rücksicht auf den Verlust an Wollfaser ist unzweifelhaft eine sehr wichtige.

Zur Erklärung dieser Ausführung ist von beiden Horden (Sieben) eine bildliche Darstellung beigefügt. Es ist hierzu zu bemerken, dass die empfehlenswerthe Konstruktion aus gutem, abgeschmirgeltem Rundstahldraht hergestellt ist, die mangelhafte dagegen aus einer Zinktafel mit runden Oeffnungen und Löchern besteht.

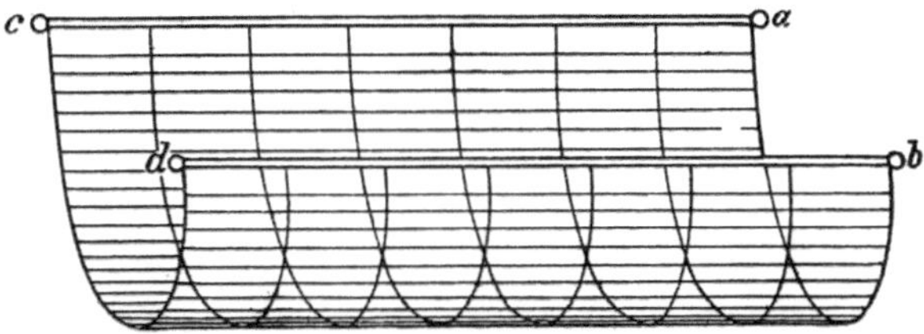

Fig. 7. Horde aus Draht, richtige Konstruktion.

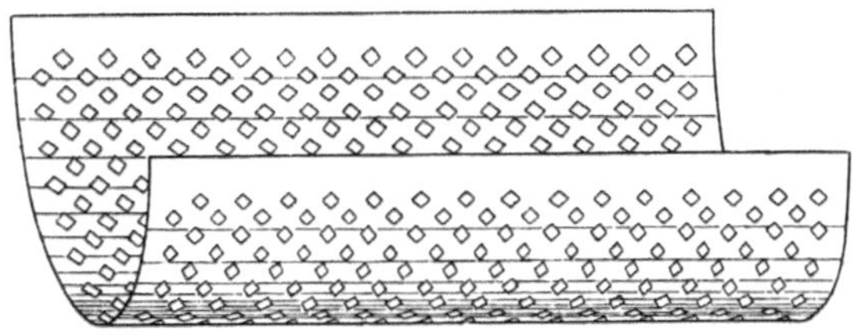

Fig. 8. Horde aus Blech, fehlerhafte Konstruktion.

Es ist bei Anfertigung der Drahthorde a b c d darauf zu achten, dass dieselbe aus mehreren, vielleicht aus 2 oder 3 Theilen zusammengesetzt ist, damit der Arbeiter im Stande ist, dieselbe beim Reinigen mit Leichtigkeit einzulegen und wieder herauszunehmen. Diese Anordnung ist schon deshalb sehr zweckmässig, weil vorkommende Reparaturen, Einlegen neuer Drähte u. s. w., ohne Zeitverlust ausgeführt werden können. Der Maschinenbauer dürfte den Zweck dieser Anordnung anerkennen und bereitwilligst acceptiren.

Die Umdrehungen bei dieser Maschine, d. h. der Hauptbetriebswelle, betragen pro Minute 150 bis 200 Touren, je nach Beschaffenheit des Materials.

Da der Hauptzweck dieses Klopfwolfes, nämlich die Reinigung der Wolle und der Abfälle von allen nicht hineingehören-

den Stoffen, Stroh, Schmutz und Staub, welche den Krempel-
process schädigen und der Verspinnung der Wolle Widerstand
leisten, erst durch Anbringung einer zweckentsprechenden Draht-
horde erreicht wird, so ist es nicht zu verwundern, dass dieser
Apparat in Belgien, am Rhein und in fast allen Industriecentren
Deutschlands sich im Laufe der Jahre allgemein eingeführt hat.
In England hat man dagegen ein anderes System angenommen,
das sich, wenn es auch im Grossen und Ganzen auf demselben
Princip beruht, noch besser bewährt und mit ausserordentlicher
Präcision arbeitet.

Fig. 9. Klopfwolf, ursprünglich englischer Konstruktion.

Dieser englische Apparat (Willow oder Teaser genannt)
arbeitet viel schneller und stellt in verhältnissmässig kurzer Zeit
grössere Mengen fertig. Die Maschine wird von der Firma
John Haigh & Sons in Huddersfield in ganz vorzüglicher Ausführung hergestellt (vergl. Fig. 9). Auch die Firma Ulrich
Kohllöffel in Reutlingen und die Sächsische Maschinenfabrik
bauen diese Maschinen nicht minder gut und zweckmässig.

Die Bedienung der Maschine, welche mit einer kleinen
Abänderung auch vielfach zum Reinigen der Lumpen und Hadern

in der Kunstwollfabrikation benutzt wird, geschieht durch nur
einen Arbeiter für den Ein- und Ausgang des Materials, die
Ventilation ist mustergültig.

Bei allen seinen guten Eigenschaften ist der Klopfwolf doch
nicht im Stande, die Reinigung des Materials von allen nicht
hinein gehörigen Bestandtheilen zu bewirken. Für Kletten, die
von den Wollhaaren sehr festgehalten werden, namentlich für
die gefährlichen Ringel- und Steinkletten, die in überseeischen
Wollen stark vorhanden sind, ist er unzureichend, weil zu deren
Entfernung ein Schlagen und Klopfen nicht genügt. Deshalb
haben besondere Maschinen erfunden werden müssen, um die
Wolle auch von diesen lästigen Zuthaten zu befreien. Seit
Jahren bedient man sich dazu des „Klettenwolfes", der ein
die Wolle nach Möglichkeit schonendes Herausschälen oder
besser Herausklauben der Kletten aus der sie umschliessenden
Wollfaser auf rein mechanischem Wege bewirkt. Solche Maschinen werden in recht zweckmässiger Konstruktion von den
bekannten Firmen Sächsische Maschinenfabrik, Dampf-
und Spinnerei-Maschinenfabrik vorm. Wiede, Oscar
Schimmel & Co. in Chemnitz, Demeuse & Co. in Aachen
und Célestin Martin in Verviers gebaut. Die verschiedenen
Systeme, nach denen gebaut wird, beruhen im Wesentlichen
auf dem gleichen Princip: Die Klette wird durch geeignete
Organe in der Maschine festgehalten und die Wolle von ihr
abgezogen. Die Konstruktionen sind neuerdings zu grosser Vollkommenheit entwickelt, und es giebt wohl kaum eine grössere
Spinnerei und Tuchfabrik, welche nicht wenigstens eine der
Maschinen unausgesetzt beschäftigt. Neben der chemischen
Entklettung — der Karbonisation, von der oben schon gesprochen wurde, — behält diese mechanische Entklettung für
die gesammte Fabrikation ihren bleibenden Werth, weil es nur
auf diese Weise möglich ist, überseeische Wollen selbst zu feineren Garn-Nummern zu verwerthen. (Verviers.)

Der Krempelwolf oder Wollöffner hat, wie der letztere
Name besagt, den Zweck, die Arbeit des Auflockerns der Wollfaser, welche bei Gelegenheit der Entstäubung und Entklettung
durch Klopfwolf und Klettenwolf nicht genügend geschieht, zu
vervollständigen und zu vollenden. Ein gut konstruirter Krempelwolf ist somit als Vorbereitung des Krempelprocesses von grosser

Wichtigkeit und gehört zu den Haupterfordernissen einer gut eingerichteten leistungsfähigen Spinnerei.

Es darf Wunder nehmen und muss offen gesagt werden, dass eine so nützliche Hülfsmaschine viele Jahre hindurch sehr stiefmütterlich behandelt worden ist und dass man ihr während dieser Zeit nicht diejenige Aufmerksamkeit zugewandt hat, welche ihre wichtige Aufgabe in der Spinnerei verdient und zu beanspruchen hat.

Erst seit einigen Jahren haben Maschinenbauer und Spinner angefangen, den Krempelwolf wesentlich umzuändern und zu verbessern. Der etwa von 1830 datirende „historische" Reisswolf, ein wahres Marterwerkzeug für die Wolle, bedurfte dieser Umwandlung gar sehr. Trotzdem hat, bei der Zähigkeit, womit der Mensch am Hergebrachten hängt, diese alte mangelhafte Bauart, welche die Wolle nicht sowohl auflöste und auflockerte, als vielmehr wie mit Messern zerschnitt, energischen Widerstand gegen alle Neuerungen, wie Klavier- oder Muldenzuführung etc. geleistet. Ja es ist sicher anzunehmen, dass manche Exemplare davon zum Theil noch heute an Stellen, wo man dem Fortschritt nicht folgen will oder kann, ihr kümmerliches Dasein fristen.

Schon die gerade, spitzige Form der Wolfstifte ist an und für sich geeignet, die Wolle zu zerschneiden, ein Umstand, welcher in seinen nachtheiligen Folgen im späteren Krempelprocess zum Ausdruck kommt. Auch die Anordnung, dass die Wolfstifte ohne jede Biegung senkrecht im Tambour eingeschlagen sind und die Wolle direkt von den dicht herangestellten eisernen Druckwalzen mit grosser Forcirung der Geschwindigkeit abnehmen, ist nicht empfehlenswerth. Manche sogenannten Verbesserungen, Klavierzuführung u. s. w. haben indessen ihren Zweck nur sehr unvollkommen erreicht und sind früher oder später in die Rumpelkammer gewandert.

Dagegen haben sich seit einigen Jahren Krempelwölfe mit 3 Arbeitern und 3 Abnehmewalzen eingeführt und nach bedeutenden neuerdings daran gemachten Verbesserungen ganz vorzüglich bewährt. Diese neuen Krempelwölfe (Tenter Hook Willow) dürften eigentlich in keiner Spinnerei fehlen. Die ersten so konstruirten Maschinen wurden in England gebaut, verschafften sich schnell Eingang auf dem Festland und werden

heut in ganz vorzüglicher Ausführung von der Sächsischen
Maschinenfabrik, von Oscar Schimmel & Co. und noch mehreren
andern Chemnitzer Firmen geliefert. Diese Wölfe werden vom
Maschinenbauer, je nach den Ansprüchen an Leistungsfähigkeit,
in verschiedenen Arbeitsbreiten und Abmessungen gebaut. Ihre
verhältnissmässige Leistungsfähigkeit ist eine ausserordentliche,
trotzdem der Tambour weniger Umdrehungen macht, als bei
dem alten gewöhnlichen Reisswolf.

In grossen Spinnereien, wo es ganz besonders darauf ankommt, grosse Quantitäten Material in einer kurzen Arbeitszeit
fertig zu stellen, arbeiten diese Krempelwölfe ganz vorzüglich
und sind in der That unentbehrlich. Während der Tambour nur

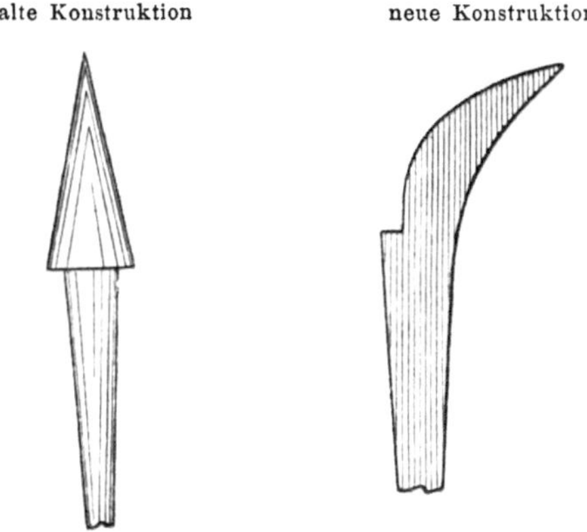

Fig. 10. Wolfstifte.

150 bis 200 Touren pro Minute hat (gegen 500 beim alten Reisswolf), ist seine Leistungsfähigkeit doch eine ungleich grössere.
Das liegt in der eigenthümlichen Konstruktion. Dabei ist das
Material bei einmaliger Passage so schön und offen aufgelockert,
als wenn dieselbe Wolle auf dem alten Wolf 3 Mal durchgeht,
eine wahre Freude für den Meister und den Spinner. Schon
die Form und der Einsatz, die Anzahl der Stifte trägt wesentlich dazu bei, dass die Wolle nicht zerschnitten, sondern nur
aufgelockert und gemischt wird. Um zu zeigen, wie sehr die
Form dieser Stifte von derjenigen der alten abweicht, gebe ich
in Figur 10 eine bildliche Darstellung derselben.

Man darf mit Recht dieser Maschine den Namen Wollöffner
beilegen, weil sie ihrer Aufgabe ohne andere Nachtheile gerecht

3*

wird und in Wahrheit die Wolle in schonender Weise öffnet, auflockert und mengt.

Durch die Einführung des Krempelwolfes in die Spinnerei ist der Oelwolf so zu sagen entbehrlich geworden und man erhält ein sehr gutes Rendement und eine egale Mischung, wenn man die Wolle im geölten Zustande nur einmal die Passage machen lässt. Das Streben des seine Aufgabe richtig verstehenden Spinners muss ohnedies darauf gerichtet sein, das Material auf dem Wolfe möglichst zu schonen. Jede einzelne

Fig. 11. Krempelwolf.

Wollfaser wird in dem nachfolgenden Krempelprocess bedeutend angestrengt. Da gilt es, sie in den Vorbereitungsarbeiten nach Möglichkeit zu schonen und ihre ursprüngliche Structur zu erhalten.

Ueber die Bauart des Krempelwolfes ist in Kürze zu bemerken, dass über dem Tambour eine eiserne Haube mit Charnieren angebracht ist, die man beim Reinigen der Maschine bequem auf- und zuklappen kann, wie Fig. 11 erläutert.

Die Einführung der Wolle auf dem Vorlegetisch mit endlosem Lattentisch geschieht hier nicht wie auf dem alten Reisswolf durch Druckcylinder, sondern mittelst zwei übereinander liegender Stachelwalzen, das sind starke, mit eisernen Stiften versehene Walzen, ungefähr wie Fig. 12.

Diese Anordnung bedingt, dass man die Wolle in ziemlich grossen Quantitäten vorlegen darf, ohne Gefahr zu laufen, dass eine Unterbrechung durch zu starkes Auflegen eintritt, immer in der Voraussetzung, dass die Maschine gut bedient wird.

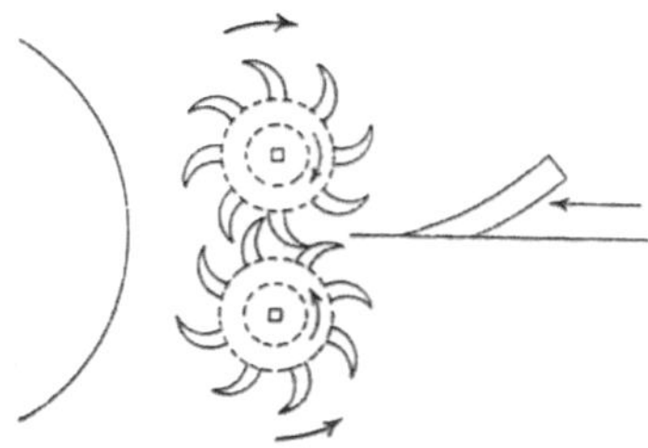
Fig. 12. Zuführungswalze.

Oberhalb dieser Einführungswalzen (Stachelwalzen) befindet sich eine eiserne Walze mit Holzbelag und 3 Haarbürsten, welche dazu dient, die obere Stachelwalze immer rein und frei von Wolle zu halten. Dieselbe wird durch Fig. 13 veranschaulicht. Sie hat dieselben Umdrehungen, wie die anderen 3 Wender und wird auch ebenso wie diese mittelst Drahtkette betrieben. Nachdem die Wolle die Stachelwalzen passirt hat, nimmt sie zuerst

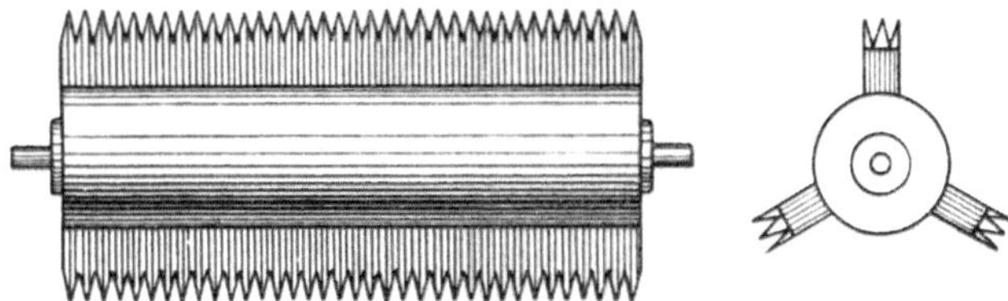
Fig. 13. Reinigungswalze.

der Tambour, dann der erste Arbeiter, dann der zweite und endlich der dritte Arbeiter auf, welche ebenso wie der Tambour mit diesen flachen Stiften beschlagen sind.

Auf solche Art muss die Wolle dieselbe Manipulation dreimal durchmachen, bis sie endlich durch den Abnehme-Volant ausgeworfen wird. Da nun der Tambour bis 200 Touren per Minute macht, während die Arbeiter nur 50 per Minute haben, also viel langsamer gehen, als jener, so bilden letztere für die

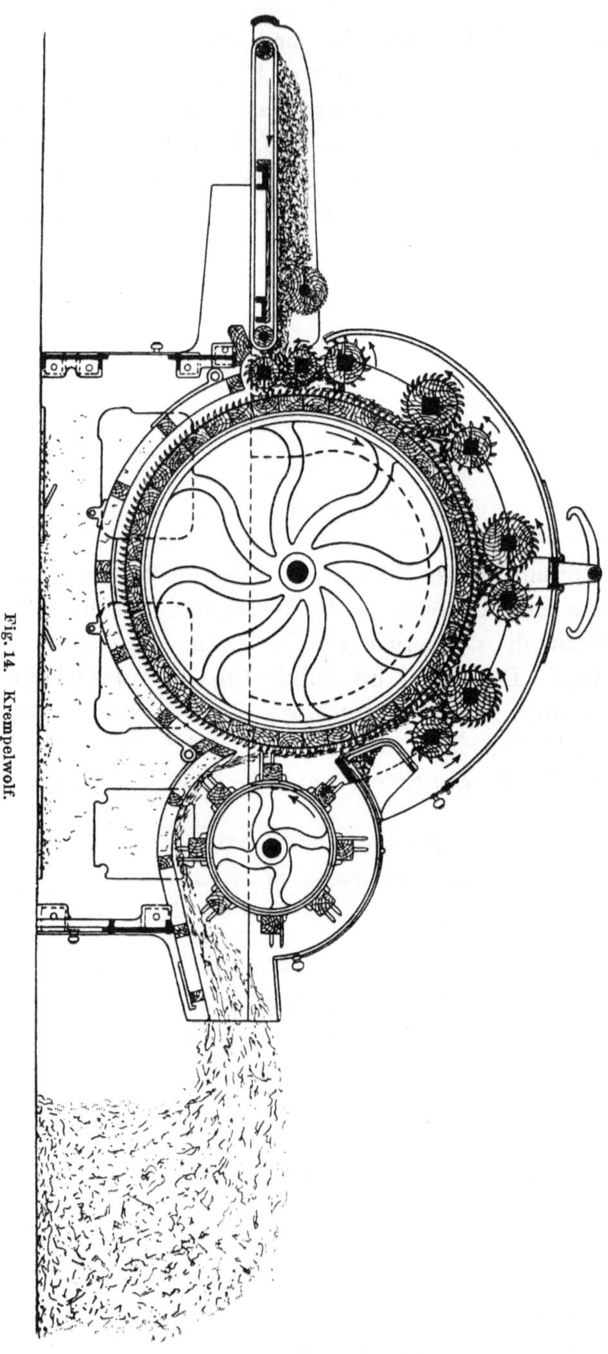

Fig. 14. Krempelwolf.

vom Tambour mitgebrachte Wolle einen bedingten Widerstand. Da sämmtliche Arbeiter und Wender ebenfalls mit Stiften gespickt sind, so ist es erklärlich, warum auf Grund dieser Disposition die Wolle so schön aufgelockert wird.

Die letzte Walze, der Auswurf-Volant, die bereits oben erwähnt ist, arbeitet mit einer aussergewöhnlichen Geschwindigkeit, ähnlich wie der Volant einer Krempel und hat den Zweck, die ganze dem Wolfe vorgelegte Wollmenge wieder herauszuschaffen und dabei noch die Aufgabe, die oberen Theile der Wolfstifte im Tambour von Schmutz und Staub zu befreien, sobald sich dieser in grösseren Mengen ansetzt.

Der Krempelwolf hat eine durchschnittliche Leistungsfähigkeit von circa 30—40 Centner bei einer 12stündigen Arbeitszeit, zwei Passagen der Wolle gerechnet.

Zum Schlusse wäre noch die Aufmerksamkeit der Fachleute auf einen Punkt zu lenken, welcher leider nur selten in denjenigen Fabriken, wo dergleichen Maschinen funktioniren, Beachtung findet, nämlich die regelmässige und pflichtmässige Reinigung dieser Krempelwölfe in bestimmten Zeiträumen.

Diese so nothwendige Manipulation muss wenigstens einmal in der Woche geschehen, nachdem ein Arbeitsquantum von etwa 200 Centnern geleistet ist. Die geeignete Zeit hierzu ist am Schlusse der Woche und zwar von Mittag bis Abend. Die Arbeit muss von zwei gewissenhaften Arbeitern ausgeführt werden.

Wenn man bedenkt, dass jeder ordnungsliebende Mensch am Ende der Woche nach gethaner Arbeit die Nothwendigkeit erkennt und das Bedürfniss hat, seinen Körper von Kopf bis Fuss zu waschen, zu reinigen und ein reines Hemd anzuziehen, wenn die Befriedigung dieses Bedürfnisses von der Natur gefordert wird und den Zweck hat, den menschlichen Körper gesund und widerstandsfähig im Dienste der Arbeit zu erhalten, warum sollte man nicht aus demselben Grunde und zur Erhaltung ihrer Leistungsfähigkeit sich veranlasst finden, auch eine Maschine, welche im Dienste der industriellen und maschinellen Arbeit ihre Schuldigkeit thut, wenigstens einmal in der Woche einer gründlichen Reinigung zu unterwerfen? Gewiss ist das wichtig und nothwendig in einer Fabrik, wenn man erwägt, dass z. B. der hier besprochene Krempelwolf während der ganzen Woche von früh bis Abend sich in unausgesetzter Thätigkeit befindet, umgeben und eingehüllt von Staubwolken, Schmutz und Unreinigkeiten vegetabilischen, animalischen und mineralischen Ursprungs, welche alle mehr oder weniger ihren schädlichen Einfluss auf die regelrechten Funktionen der Maschine geltend machen.

Im Nachstehenden werden die Mittel und Wege genau anzugeben versucht, in welcher Weise eine gründliche Reinigung der Maschine vorzunehmen ist. Wenn diese Vorschriften genau befolgt werden, nur dann wird dieselbe wieder wie neu arbeiten.

Zum Zwecke der Reinigung muss der Krempelwolf mit seinen sämmtlichen Theilen demontirt werden, d. h. alle einzelnen Stücke müssen freigelegt werden.

Nachdem die Haube aufgeklappt, sind sämmtliche Lagerdeckel zu lösen und zu entfernen, wobei man sich vor Vertauschung hüten muss. Auch der Tisch wird abgeschraubt, losgenommen und auf zwei Holzblöcke gelegt, damit der Tambour nachgesehen werden kann, ob die Stifte und sonst Alles daran in Ordnung. Sämmtliche Walzen werden ausgehoben und der Reihe nach numerirt, um jede Verwechslung zu vermeiden, eine Vorsichtsmassregel und kleine Mühe, welche die spätere Montage wiederum erleichtert. Sobald nun Alles freigelegt ist, geht es an's Reinmachen. Während ein Arbeiter damit beschäftigt ist, Lager und Wellen abzuwischen und zu reinigen, entfernt ein anderer mittelst eines eigens konstruirten Werkzeuges die sich zwischen den Wolfstiften am Tambour fest ansetzenden Schmutztheile. Das Reinigen mittelst eines alten stumpf abgehauenen Besens, wie es meist gebräuchlich, ist hier nicht angebracht. Zum Abwischen der Zapfen, Lager u. s. w. bediene man sich zweier baumwollener Putzlappen, indem man den einen davon, den schlechten, zum Abwischen, und den andern, den bessern, zum Nachputzen benutzt.

Noch gründlicher geht man zu Werke, wenn man den einzelnen und beweglichen Theilen etwas Petroleum zusetzt, was aber überflüssig wird, wenn die Reinigung des Krempelwolfes regelmässig in der Woche einmal ausgeführt wird. Während nun die Leute sich damit beschäftigen, Alles blank zu machen, ist es Sache des Meisters oder des Fabrikschlossers, nach den Wolfstiften zu sehen. Die alten, zum Theil abgenutzten Stifte müssen durch neue ersetzt werden, und da, wo solche ganz fehlen, sollen neue Stifte eingeschlagen werden, welche immer in genügender Anzahl vorräthig sein müssen. Mit aller Strenge ist darauf zu sehen, dass auch nicht ein einziger Stift im Tambour fehlt. Mit derselben Sorgfalt werden die mit Stiften gespickten Arbeiter und Wender behandelt, auch nicht ein einziger Stift darf fehlen. Es ist dabei Voraussetzung, dass diese Arbeit von sachkundigen Leuten ausgeführt wird, damit kein Nachtheil durch unverständiges Ausziehen und Hineinschlagen der Stifte entsteht.

Nach Schluss dieser Arbeit, wozu auch der Tisch gehört, — es soll an demselben auch keine Holzleiste fehlen, — und nachdem man sich überzeugt, dass Alles wieder in Ordnung ist, erfolgt die Wiederzusammensetzung der Maschine.

Mit grosser Sorgfalt ist darauf zu sehen, dass jeder einzelne Theil leicht funktionirt; nur in diesem Falle wird nach der Montage auch die ganze Maschine wieder leicht gehen und so arbeiten wie neu.

Diese mit guter Absicht so ausführlich gegebenen Vorschriften gelten nicht nur für den Klopf- und Reisswolf im Besondern, sondern im Allgemeinen für alle im Betriebe befindlichen Maschinen. Die Innehaltung dieser Anordnungen bilden das Fundament für eine gute Spinnerei. Leider wird denselben nicht immer diejenige Aufmerksamkeit zugewandt, welche sie verdienen, und man predigt oftmals tauben Ohren.

Wenn der Krempelmeister nicht aus eigenem Antrieb an's Werk geht, so sollte der Spinner und Fabrikbesitzer selbst den Versuch in der hier angedeuteten Weise machen, um sich von der Richtigkeit und Nützlichkeit der gemachten Vorschläge zu überführen. Sollten aber deshalb die vorliegenden Ausführungen bei Fachleuten auf Widerstand stossen, weil es praktisch unmöglich sei, Alles so zu handhaben, wie es im Buche und in diesem Buche im Besonderen steht, so ist darauf hinzuweisen, dass diese Sätze der Niederschlag aus einer unendlich langen Reihe praktischer Erfahrungen sind und dass der Nutzen und Segen gewissenhafter Beachtung und Ausführung dieser Bestimmungen auf dem Fusse folgen wird. Der Erfolg wird sein, dass während der Arbeitszeit auch nicht die geringste Störung eintritt und dies ist in einem grossen Betriebe von erster und höchster Wichtigkeit, zumal wenn dringende, grosse Bestellungen vorliegen, die einen längeren Stillstand der Maschinen nicht vertragen. Ist es etwa besser gethan, es darauf ankommen zu lassen und darauf los zu arbeiten, bis kein Stift im Tambour des Krempelwolfes mehr fest sitzt und die Maschine vor Schmutz und starrender Verkleisterung stehen bleibt? Wer so verfährt, darf sich nicht wundern, wenn lange Stillstände und Reparaturen gerade dann eintreten, wenn sie am allerunangenehmsten sind. Alles das ist zu vermeiden, wenn man in jeder Woche sich auf die gehörige Zeit zu ordentlicher Reinigung nach den gegebenen Vorschriften einrichtet und dem Meister die erforderliche Zeit nicht blos nicht vorenthält, sondern ihn zu ihrer Benutzung in der angegebenen Art anhält. Welche Veränderungen und Verbesserungen auf diesem Gebiet auch die Zukunft bringen wird, die gehörige Pflege der Maschinen wird immer nothwendig sein, und sich und sein Arbeitspersonal daran zu gewöhnen, das ist gute Wirthschaft, das vor Allem! Dies mit der grössten Schärfe an dieser Stelle ein für alle Male auszusprechen, ist dem Verfasser, weil er seinen Beruf liebt und dessen Fortschreiten erstrebt, ein Herzensbedürfniss!

Der Mischwolf. Es ist schon in den vorstehenden Beschreibungen des Klopfwolfes und des Krempelwolfes darauf hingewiesen worden, dass zur Vorbereitung des Krempelprocesses nicht nur Entstäubung, Entklettung und Lockerung der Wolle, sondern auch sorgfältige Mischung gehört; denn in zahlreichen Fällen sind verschieden geartete, verschieden lange, verschieden gefärbte etc. Wollen zusammen zu verarbeiten, und es ist selbstverständlich, dass die Mischung eine ganz regelmässige sein muss, um das beste Resultat zu geben. Nun besorgen zwar die genannten Wölfe die Mischung bereits, indessen nur oberflächlich da ihre Aufgaben ja wesentlich andere sind.

Der Mischwolf hat diese Specialaufgabe und die Konstruktion dieser praktischen Hülfsmaschine, welche in keiner Spinnerei fehlen darf, sieht deshalb von allen andern Zwecken vollständig ab. Sie ist äusserst einfach beschaffen und verfolgt nur den Zweck, das Material, wenn es aus verschiedenen Farben und Qualitäten zusammengesetzt ist, zu mischen und zu mengen. Auf industriellen Reisen in England, Belgien und am Rhein hat Verfasser wiederholt Gelegenheit gehabt, die Brauchbarkeit und ganz bedeutende Leistungsfähigkeit des Mischwolfes in den dortigen grossen und renommirten Spinnereien zu kontrolliren und zu beobachten, und hieraus die Ueberzeugung gewonnen, dass diese Maschine für Melangen von grossem Nutzen ist.

Namentlich für Tuchfabriken und solche Spinnereien, wo viele und grössere Partien Melangen gearbeitet werden, ist seine Anschaffung empfehlenswerth. Wenn auch das Mengen der Wolle, bevor sie die Passage auf dem Krempelwolf durchmacht, in allen Spinnereien etwas Selbstverständliches ist, so ist es doch nicht überflüssig, anzugeben, wie diese Manipulation gehandhabt werden muss, um als gründlich zu gelten:

Voraussetzung für die Anwendung eines Mischwolfes ist in jedem Falle, dass er in einem Raum aufgestellt ist, in dem man vor oder neben der Maschine eine grosse Bodenfläche oder Lagerraum zur Verfügung hat.

Angenommen z. B., dass eine Partie Wolle eingemengt werden soll, welche aus 10 verschiedenen Farben und Qualitäten zusammengestellt ist, die im Ganzen ein Gesammtquantum von 50 Centnern repräsentiren und dass diese Partie gerade ausreicht, um eine bestimmte Ordre auszuführen. Das Material soll eine schöne Melange ergeben und die daraus gefertigte Waare soll weder Streifen noch Banden zeigen, ein Uebelstand, mit dem der Fabrikant zu rechnen hat.

Nachdem die zur Zusammenstellung nöthige Wolle herangeschafft, streue man zuerst die eine Sorte (Farbe) auf den Fussboden und bereite davon ein Lager bis zu ungefähr 50 cm Höhe. Auf dieses folgt in entsprechender Höhe und gleichmässig vertheilt das vorgeschriebene Quantum Material der zweiten Sorte und so weiter, bis die zehn Farben oder Qualitäten senkrecht übereinander gelegt sind und eben so viele Schichten verschiedenes Material bilden. Hierauf wird das Material durchgegabelt und an den Einführungstisch des Mengewolfes gebracht. Endlich wird die ganze so zunächst mit der Hand gemengte Wolle dem Wolf übergeben und zwar je nach ihrer Beschaffenheit entweder offen, oder mittelst der Klappe am Ausgang der Maschine durchgelassen. Zur Bedienung gehören 2 Mann, von denen der eine die Wolle vorlegt, während der andere dieselbe am Auswurf des Mengewolfs wegschafft.

Nach dieser Manipulation wird das Material in gut gemengtem Zustande dem Krempelwolf übergeben.

Der Mengewolf ist sehr einfach gebaut; der Tambour hat nur 4 massive Flügel mit je einer Reihe 20 cm langer, stumpfer, konischer, eiserner Stifte (Fig. 15), welche das Material nicht reissen, sondern nur durcheinandermengen. Die Maschine macht 120 Touren per Minute und ist durchweg aus Eisen gebaut.

Das Einfetten oder Schmelzen. Es ist eine Eigenthümlichkeit des Wollhaares, dass es wie das Horn, mit dem es wesensgleich ist, in trockener Wärme erstarrt, unter dem Einfluss von Wärme und Feuchtigkeit aber weich und biegsam wird. Die wesentlichsten mit dem Wollhaare bei seiner Verarbeitung vorzunehmenden Operationen müssen mit dieser Eigenschaft des Wollhaares rechnen, vor Allem die Spinnerei, deren Gelingen so sehr von der Biegsamkeit des Haares abhängt. Deshalb ist die Befeuchtung des Spinnmaterials vor den meisten damit vorzunehmenden Arbeiten — das Entstäuben und Entkletten ausgenommen, wo die starre Beschaffenheit der trockenen Faser ebenso sehr die Abtrennung der Verunreinigungen befördert, als die trockene Beschaffenheit der letzteren — eine unerlässliche Nothwendigkeit. Doch ist es mit dem Befeuchten durch Wasser allein nicht gethan. Wasser verdunstet in den warmen Arbeitsräumen schnell. Man muss also eine Flüssigkeit verwenden, welche dauernder am Wollhaar haftet und nicht oder nur unbedeutend verdunstet. Als solche empfiehlt sich das Oel um so mehr, als es auch einer andern Eigenschaft des Wollhaares, welche dem Spinnzweck nicht förderlich ist, begegnet. Das ist die eigenthümlich rauhe Oberflächen-Beschaffenheit des unter dem Vergrösserungsglase dem Stamme eines Palmbaumes nicht unähnlichen Wollhaares. Das Oel mildert diese Rauhigkeit gleich jeder andern Rauhigkeit, zu deren Abschwächung es sich als Schmiermittel empfiehlt. Ausserdem hat das Oel vor ähnlichen, dem Spinnzweck günstigen Schmelzmitteln den Vorzug, sich leicht vollständig auszuwaschen und dem Waschzweck durch Bildung von Seife direkt förderlich zu sein.

Dies vorausgeschickt ist es verständlich, dass die Manipulation des Einölens oder Schmelzens der Wolle eine der

Fig. 15.
Stift des
Menge-
wolfes.

wichtigsten Arbeiten der Spinnerei ist und dass man nicht zuviel sagt mit der Behauptung, eine gute Schmelze und ein sorgfältiges Einölen ist die Grundlage einer guten Spinnerei. Davon hängt in erster Reihe sowohl die Güte, als die Menge des zu erzielenden Gespinnstes, die Qualität des Garnes als das Rendement, d. i. die Beschränkung des Gewichtsverlustes auf das Unerlässliche, ab.

Darüber, welches die beste Schmelze ist, sind die Meinungen sehr getheilt. Die oben erörterten Eigenschaften, welche einer richtigen Schmelze beiwohnen müssen, lassen eine Menge von Variationen zu. Wasser und Oel müssen in jeder guten Schmelze vorhanden sein, aber in welchem Mischungsverhältnisse, welches Oel, mit welchen Zuthaten, die sowohl die Mischung von Wasser und Oel erleichtern, als den sonstigen Zwecken der Schmelze ohne andere Nachtheile förderlich sind, darüber kann es sehr verschiedene Ansichten geben. Eine absolut beste Schmelze giebt es nicht. Was im Nachfolgenden gesagt ist, stellt dasjenige dar, was der Verfasser in seiner Praxis als das Beste erkannt hat und soll darum nicht die Erfahrungen anderer Praktiker, die vielleicht zu andern Ergebnissen gelangt sind, in ihrem Werth herabsetzen.

Für Streichgarnspinnereien wird Baumöl und Olein immer das beste und relativ billigste Einfettungsmaterial bleiben, letzteres, insofern es rein und frei von Säure ist. Es ist diejenige Schmelze, welche ohne Frage ein gutes, gleichbleibendes Rendement giebt und die Kratzengarnitur schont.

Folgendes Recept ist zu empfehlen auf 50 Kilo reine Wolle.

5   Kilo Olein,
5   -   laues Wasser,
$^1/_2$ -   Salmiak,
____
10$^1/_2$ Kilo Schmelze auf zwei Lager Wolle*).

---

*) Ein gutes Schmelzrecept für Tuch- und Buckskinfabriken, die reine Wolle arbeiten, ist auch das folgende:

6 Kilo Olivenöl,
5   -   laues Wasser,
1   -   Seife,
____
12 Kilo auf 50 Kilo Wolle.

Es ist hierbei darauf aufmerksam zu machen, dass nur gutes Oel verwendet wird. Falsche Sparsamkeit wäre hier nicht am Platz; nicht der Preis, sondern die guten Eigenschaften der Schmelze sind maassgebend für den Spinnprocess.

Ueber die Art und Weise des Einölens selbst ist wohl nicht nöthig, viel Worte zu machen. Sie ist die alt hergebrachte und überall bekannte. Man bereitet ein $\frac{1}{2}$ Meter hohes Lager von Wolle, spritzt oder giesst über dasselbe ein bestimmtes Quantum Oel, nachdem dasselbe mit Wasser und den etwaigen anderen Zuthaten gemengt ist, und gabelt die Wolle gut durch. Alsdann wird die Wolle in nicht zu dicken Mengen auf den Tisch des Krempelwolfes aufgelegt und durchgelassen.

Es empfiehlt sich weiter, vor dem Einölen der Wolle diejenigen Abfälle, welche zur Partie gehören und sich in jeder Spinnerei ansammeln, also die Enden und Abfälle, zuerst auf dem Fussboden auszubreiten, aber nicht zu schmelzen, und dann darüber das Lager von Wolle auszubreiten und einzuölen.

Die Enden, der Ausputz und alle andern Abfälle haben alle bereits mindestens den Krempelprocess hinter sich, sind also schon mit Oel getränkt und sollen eben nicht noch einmal in der Wolferei mit Schmelze angefeuchtet werden. Diese kleinen Vortheile sind von grossem Werth in der Spinnerei.

Auch halte ich es weder für praktisch noch nützlich, eine grosse Partie Wolle auf einmal einzufetten, wenigstens hat diese Maassregel keinen Anklang gefunden. Ich bin der Meinung, dass man kein grösseres Quantum Wolle einfettet, als die Tagesproduktion eines Sortiment Spinnerei während einer 12 stündigen Arbeitszeit beansprucht.

Es hat seine Nachtheile und ist nicht gut, wenn eingeöltes Material längere Zeit stehen bleibt, namentlich im Sommer und bei warmer Temperatur. Während die an der Oberfläche befindliche geölte Wolle leicht durch Verdunstung austrocknet, wird naturgemäss die unten am Boden liegende Wolle immer einen grösseren Feuchtigkeitsgrad besitzen, ein Uebelstand, welcher sich nachher in der Krempelei durch unegales Vorgespinnst u. s. w. fühlbar macht. Es ist daher besser, nur immer so viel Wolle einzuölen, als täglich verarbeitet wird, und die geölte Wolle immer frisch wegzuarbeiten.

Das Quantum Oel und Schmelze, welches zu einer Partie

gebraucht wird, lässt sich nicht in bestimmte Regeln fassen. Das hängt mehr oder weniger von der Beschaffenheit des Materials ab und von dem Zweck, zu dem die Garne verarbeitet werden sollen.

Nachfolgend ein Recept zu Schmelze für Kunstwollgarnspinnereien, welche sich speciell mit Herstellung von Shoddygarnen beschäftigen, die Partie zu 100 Kilo Material gerechnet:

5 Kilo Schwarzöl,

10 - Wasser, darin aufgelöst 0,25 Kilo Salmiak,

15 Kilo Schmelze auf 100 Kilo Material*).

Für feinere und starke Teppichgarne ist die Verwendung von Oel überhaupt nicht gestattet. Diese Garne werden ganz rein, geruchfrei und fettfrei geliefert und dürfen nicht den geringsten Klebegehalt haben. Da das Material hierzu rein gewaschen ist, so nimmt man nur etwas Seifenwasser als Schmelze und zwar nur so viel, um das Herumfliegen der Flugwolle auf der Krempel zu verhindern, also nur einen kleinen Procentsatz.

In Vigognespinnereien wird ein ganz abweichendes Verfahren beim Schmelzen der Mischungen von Wolle und Baumwolle gehandhabt, als bei Wolle und Kunstwolle. Angenommen, es soll eine Partie Wolle von 100 Kilo mit 20 % Baumwolle eingeölt werden, so muss die erstere für sich allein geschmelzt werden, während man die Baumwolle getrennt und ungeschmelzt einmal die Passage durch den Krempelwolf machen lässt. Erst hiernach wird die Baumwolle mit der geölten Wolle gut gemengt und durchgewolft; denn Baumwolle verträgt keine Feuchtigkeit.

---

*) Auch folgende Anleitung zur Herstellung einer wohlfeilen Schmelze für Kunstwollgarn-Spinnerei ist durch Erfahrung bewährt:

60 Kilo Wasser,

22 - Olivenöl,

$1^3/_4$ - Salmiak,

$4^1/_2$ - Seife,

$88^1/_4$ Kilo; Alles zusammen 10 Minuten zu kochen.

Von dieser Schmelze sind auf 100 Gewichtstheile Spinnmaterial 5 Gewichtstheile zu verwenden und vor der Verwendung mit 10 Gewichtstheilen Wasser gut durcheinanderzurühren.

Zu bemerken ist übrigens, dass Unterschussmaterial häufig ganz ohne Wasserzuthat gesponnen wird, ohne dass das Rendement ernstlich darunter leidet. Dies Verfahren befriedigt namentlich mit Bezug auf leichtere Entfernung des Ausputzes.

Uebrigens ist es bis heute weder dem Spinner noch dem Maschinenbauer gelungen, einen Wolf zu konstruiren, welcher die Manipulation des Einölens mit der Hand zu ersetzen im Stande wäre, trotzdem das Streben des menschlichen Geistes in der Technik dahin geht, die Hand überall entbehrlich zu machen und durch automatische Apparate zu ersetzen. Die bis jetzt bekannten Oelwölfe erreichen ihren Zweck nur sehr unvollkommen. Am praktischsten gebaut ist derjenige von Célestin Martin in Verviers. Man findet denselben, heut mehrfach verbessert, in vielen Spinnereien in Thätigkeit. Indessen, wie bereits in der Abhandlung über den Krempelwolf angedeutet, ist die Anschaffung eines Oelwolfs durch Einführung des ersteren in der Spinnerei überflüssig geworden. Der Krempelwolf, wie er heute gebaut wird, erfüllt den Zweck durch die von ihm bewirkte innige und gleichmässige Mischung des gesammten Materials vollkommen.

Wie schon bemerkt, ist man nicht im Stande, eine allgemein gültige Regel für den Procentsatz Oel anzugeben, welcher für die Spinnerei der angemessenste ist. In den englischen Fabriken verwendet man im Durchschnitt nur 5 % Schwarzöl ohne Zusatz von Wasser und hat auch gute Erfolge damit, weil im Grunde genommen Kunstwolle an und für sich schon aus ihrer Bereitungsweise Fett besitzt. In Tuch- und Buckskinfabriken, wo zum Theil schwere Farben verarbeitet werden, ist ein grösserer Zusatz Oel erforderlich. Es genügen hier durchschnittlich 10 % gutes Olein, oder Olivenöl.

Montage der Krempel. Der Grundgedanke, wovon Monteur und Spinnmeister sich bei Aufstellung von Krempeln leiten lassen soll, ist, dass es wenn schon für jede Maschine, so doch ganz besonders für die Krempel von einschneidendster Wichtigkeit ist, ihr ein festes, zuverlässiges Fundament zu geben. Hierauf ist an erster Stelle das unverrückte Augenmerk und alle Energie zu richten. Nur wenn diese Vorbedingung erfüllt und das Fundament, worauf die Krempeln zu stehen kommen, widerstandsfähig und von entsprechender Tragfähigkeit ist, kann man für einen ruhigen, geräuschlosen Gang der Maschine bürgen und im Zusammenhang damit etwas Tüchtiges leisten.

Leider wird in vielen Fabriken diesem Umstande nur wenig

Rechnung getragen, und die nachtheiligen Folgen machen sich dann später geltend.

Wenn in den oberen Stockwerken eines Fabrikgebäudes der Stand der Krempel niemals ein so sicherer sein kann als parterre, so wird man bei der Montage diesen lokalen Verhältnissen Rechnung tragen müssen.

Es empfiehlt sich deshalb, bei Aufstellung der Maschinen in zweiten und dritten Stockwerken darauf zu achten, dass die Seitenwände der Krempeln direkt auf einen Unterzug oder Balken zu stehen kommen und wo dies nicht angeht, entsprechende Unterlagen am Fussboden anzubringen, resp. einzuwechseln. In keinem Falle darf oberflächlich dabei zu Werke gegangen werden; denn bei der kolossalen Last der Krempeln (100—200 Centner) würden sich die Nachtheile in ihrem ganzen Umfange später nach Ingangsetzung geltend machen. Es ist Thatsache, dass die Krempeln, wenn ihre Tourenzahl je nach Bedarf vermehrt wird, schliesslich anfangen zu schwanken und zu zittern.

Bei solchem unruhigen Gange der Krempeln leidet nicht nur die Garnitur derselben, indem sich Arbeiter und Tambour gegenseitig berühren und streichen, sondern das Fabrikgebäude selbst, worin sich die Maschinen befinden, wird in Mitleidenschaft gezogen, es zeigen sich zuweilen Risse und Sprünge und alles wird in seinen Grundvesten erschüttert, Uebelstände, welche Verfasser wiederholt Gelegenheit hatte zu beobachten. Dagegen macht es selbst für jeden Laien einen erfreulichen und angenehmen Eindruck, wenn die Maschinen so gestellt und montirt sind, dass sie selbst bei erhöhter Geschwindigkeit ruhig und geräuschlos arbeiten.

Sämmtliche Räder, Wechsel, Scheiben u. s. w. müssen, bevor man sie zusammenstellt, sauber gereinigt und eingeölt und jeder einzelne Theil für sich untersucht werden, ob er leicht funktionirt. Bewegt sich jeder einzelne Theil leicht, dann arbeitet schliesslich auch die ganze Krempel leicht. Auch sind die Ursachen schwerer Gangart leichter zu finden, wenn Stück für Stück nachgesehen wird.

Auf einen häufig an Maschinen beobachteten Uebelstand ist besonders hinzuweisen, nämlich die Oellöcher, welche dazu dienen, die nöthige Fettigkeit den beweglichen Maschinentheilen zuzuführen. Diese Oeffnungen sind in der Regel so klein und winzig angebracht, dass das Oel, welches hineingegossen wird, kaum im Stande ist, an die richtige Stelle zu kommen. Setzt sich nun vollends Schmutz, Sand und Staub in die Löcher, dann ist an eine regelrechte Zuführung von Fettigkeit gar nicht mehr zu denken. Der Arbeiter, manchmal auch der Meister oder Putzer, glaubt seine Schuldigkeit gethan zu haben, wenn er einen starken Strahl Oel darüber giesst, bedenkt und sieht aber nicht, dass die Oeffnung voll Schmutz ist, folglich der Zweck des Schmierens nicht erreicht wird, selbst wenn die Krempel im Fette schwimmt. Es empfiehlt sich deshalb, diese kleinen Oeffnungen alle noch ein Mal so gross aufzubohren und später darauf zu achten, dass sie immer rein gehalten werden, denn, wie gesagt, das viele Einölen hat keinen Zweck, wenn das Oel daneben herunterläuft, anstatt den Zapfen oder die Welle, welchen es als Nahrung dienen soll, zu befeuchten.

Zum Einölen der Maschinentheile, verwende man ein reines, gutes, mineralisches Maschinen- und Spindelöl, welches u. A. die Firma Gebr. Meurer in Frankfurt a. M. in vorzüglicher Qualität liefert. Dieses Oel hat sich seit Jahren ganz besonders praktisch bewährt, besitzt die genügenden Fetttheile und verhindert das Warmlaufen der Zapfen. Es hat ausserdem die gute Eigenschaft, dass die Maschinentheile, welche damit geschmiert werden, sich immer von selbst reinigen, niemals kleistern oder harzen, ein Uebelstand, welcher sich ganz besonders bei Baumöl geltend macht.

Die Seitenwände mit den Verbindungsstücken werden, nachdem sie zusammengeschraubt, gleich an dem für sie bestimmten Platz, den die Krempel für immer einnehmen soll, aufgestellt. Danach lege man ein eisernes Lineal quer über die beiden Tambourlager und bringe das Gestell in die Wage. In derselben Weise verfahre man mit der Krempel in der Längsrichtung. Man kann nach den Regeln der Mathematik dann sicher sein, dass auch Tambour, Peigneur u. s. w. horizontal, d. h. genau in der Wage liegen.

Hierauf werden die Bogen angeschraubt, welche dazu dienen, den Volant, die Arbeiter und Wender aufzunehmen, und schliesslich Ketten und Riemen angebracht, um die nunmehr vollständig montirte Krempel einige Tage lang leer laufen zu lassen, eine

Maassregel, welche für einen leichten und angenehmen Gang und somit für den Krempelprocess von grossem Einfluss ist.

Mit dieser Probe auf den guten Gang findet die Montage der Krempel im nackten Zustande, wie sie von der Maschinenfabrik geliefert wird, ihren Abschluss.

Endlich darf nicht unbemerkt bleiben, dass bei Aufstellung des Doppelkrempelsystems mit 3 bis 4 hintereinander liegenden Tambours bei einer Arbeitsbreite von 60 bis 70″ ganz besonders auf das grosse Gewicht Rücksicht zu nehmen ist, wenn auch diese Krempeln eine geringere Tourenzahl haben als unsere deutschen Krempeln.

Bei dieser Gelegenheit ist erwähnenswerth, dass sich das System der hintereinander liegenden Krempeln, welche man in England als durchaus praktisch für Kunstwollengarne und speciell für Unterschussgarne eingeführt, auch in den letzten Jahren bei uns Bahn gebrochen und Eingang gefunden hat. Dagegen eignet sich unser Krempelsystem, Maschinen, wie sie in den sächsischen Maschinenfabriken, in Belgien und am Rhein gebaut werden, wieder besser und gilt mit Recht als produktiver zur Herstellung von feineren und mittleren Gespinnstnummern. Ohne Frage verdienen unsere Krempeln in dieser Richtung den Vorzug für unsere Fabrikation. Ganz besonders haben wir durch die geniale Erfindung des Flortheilers, auf dessen Einrichtung später in einem besondern Artikel zurückzukommen ist, einen ganz bedeutenden Vorsprung andern Spinnereien gegenüber gewonnen. Es ist hierdurch gewissermaassen der Gipfel der grössten Vollkommenheit in der Vorspinnerei erreicht. In Bezug auf die Arbeitsbreite ist man zu dem Resultat gekommen, dass eine solche von 1,8 m für Reisskrempel (Scribbler), dagegen von $1^1/_2$ m für Feinkrempel und Vorspinnkrempel (Carder) die zweckmässigste ist. Die Motive, der erstern eine grössere Arbeitsbreite zu geben als der Vorspinnkrempel, liegen darin, dass sich ein bestimmtes Quantum Wolle auf einem Vorlegetisch von 1,8 m, also auf einer grösseren Arbeitsbreite viel dünner vertheilen lässt als auf einem solchen von 1,5 m. Somit erzielt man eine grössere Produktion, ohne die Krempel mit Wolle zu überladen.

Da sich mit den breiten Krempeln schwer hantiren lässt, so bedienen sich die Arbeiter (Putzer) zum Ein- und Ausheben der Walzen eiserner Hebel von 60 bis 70 cm Länge (Fig. 16), welche je an den Enden aufgesteckt jene dann mit Leichtigkeit transportiren lassen.

Zum Belegen der Walzen, Peigneur und Cylinder eignet sich wegen ihrer ganz abnormen Breite weder Eisen noch Gips. Der englische Maschinenbauer verwendet hierzu Cedernholz, welches eigens zu diesem Zweck präparirt wird, ein Verfahren, das sich als durchaus praktisch bewährt. Holzbelag hat in

Fig. 16.   Hebel zum Ein- und Ausheben der Arbeiter.

jedem Falle den Vorzug, dass man beliebig die Kratzen an jeder Stelle anheften und annageln kann; auch lässt sich das Abdrehen eines Holzbelags bequem bewerkstelligen.

Der Holzbelag für Tambour und Peigneur besteht aus sogenannten kleinen Holzsegmenten, einzelne Holzquadrate nämlich von 20 cm Länge und 10 cm Breite, welche geleimt dicht aneinander gelegt einen vorzüglichen Belag bilden, wie (Fig. 17) zeigt.

Fig. 17.   Cylinder mit Holzsegmenten.

Diese mit Holzsegmenten versehenen Cylinder und Walzen können sich niemals werfen oder ihre Lage verändern, wie die Erfahrung zur Genüge bewiesen hat.

Bei unserm deutschen Krempelsystem, wo die einzelnen Krempeln nicht hinter, sondern neben einander aufgestellt sind, empfiehlt es sich, zwischen je zwei Krempeln einen Zwischenraum von $1\frac{1}{2}$ m zu lassen, wenn es die lokalen Räumlichkeiten irgend gestatten.

Uebrigens entspricht dieser Raum auch den gesetzlichen Vorschriften. Für den Monteur wie für den Spinnmeister ist ein reichlich zugemessener Raum von grossem Vortheil im Spinnsaal. Nur wenn mit Bequemlichkeit alle Funktionen der Maschinen zu überwachen sind, macht es Vergnügen, dieselben zu kontrolliren. Dagegen werden alle Arbeiten ungemein erschwert und nehmen viel Zeit in Anspruch, wenn die Krempeln so dicht aneinander stehen, dass man kaum im Stande ist, ohne eigene Lebensgefahr dazwischen hindurchzugehen, abgesehen davon, dass kleine Reparaturen in dieser Situation unmöglich vorzunehmen sind. Manches Rad, mancher bewegende Maschinentheil entzieht sich der Kontrolle des Spinnmeisters, wenn die Krempeln so dicht aneinander gestellt sind, dass kein Mensch hindurch kann. Also nochmals möglichst viel Platz und Bewegungsraum vor und hinter den Maschinen!

Die Schleifwalze. Die auf das Montiren der nackten Maschine folgende Arbeit ist das Beschlagen (Aufziehen, Aufnageln) der verschiedenen Walzen mit Kratzen, das Schleifen und dessen angemessene Handhabung. Um später die Darstellung nicht zu unterbrechen, sei hier zunächst eines wichtigen Hülfsmittels für diese Arbeit gedacht.

Es ist die Schleifwalze und die Art und Weise ihrer Herstellung, eine Arbeit, welche jeder nur einigermaassen intelligente Spinnmeister selbständig leisten muss, was leider aber nicht immer geschieht, da den Leuten sehr vielfach die erforderlichen Werkzeuge und Hülfsmittel nicht zur Verfügung stehen.

In früheren Zeiten (vor ungefähr 50 Jahren) existirten überhaupt noch keine Schleifcylinder, keine Schmirgelwalze, wie wir sie heute in der Spinnerei im Gebrauch haben. Damals wurden die Kratzen allerdings auch geschliffen; zum Schleifen wurde aber einfach ein vierkantiges Stück Holz genommen, welches gut abgerichtet und sauber gehobelt war und bei $1^{1}/_{2}$ m Länge circa 15 bis 20 cm im Durchmesser hielt. Die beiden sich gegenüberstehenden Seiten waren mit gutem Schmirgel versehen und der Zweck des Schleifens wurde somit auch erreicht. Es ist ja erklärlich, dass, wenn die beiden Flächen eines solchen starken Schleifholzes ganz gerade und mit gutem Schmirgel versehen waren, bei den bescheidenen Ansprüchen, welche man seiner Zeit an die Krempelei stellte, man wohl im Stande war, einen Tambour ziemlich gut auszuschleifen.

Aber diese Manipulation war doch eine sehr ursprüngliche und äusserst unvollkommene, und der Zweck des Schleifens der Kratzen mittelst dieses Schleifholzes wurde doch sehr langsam und umständlich in die Wege geleitet.

Heute hat jede Spinnerei ihren Schleifcylinder zur Verfügung, auch ist dessen Anfertigung nicht mehr so schwierig und komplicirt wie anfänglich. Der Körper der Walze besteht entweder aus Eisen oder aus Gips. Holz wird nur in seltenen Fällen dazu genommen. Die Walze selbst hat einen Durchmesser von 15 bis 30 cm und eine Länge von $1^1/_2$ m oder weniger, je nach der Arbeitsbreite der Krempel. Die beiden Zapfen der Schleifwalze müssen die erforderliche Länge besitzen, damit die Walze während des Schleifens sich bequem hin und her bewegen (changiren) kann. Diese Einrichtung ist nothwendig, damit die Manipulation des Schleifens gleichmässig und schnell von Statten geht. Ausserdem befinden sich auf der Welle noch zwei Stellringe für den Fall, dass die Changirung abgestellt werden soll.

Das Beschmirgeln der Schleifwalze geschieht in folgender Weise: Nachdem man die Ueberzeugung gewonnen, dass die Walze rund und gerade läuft, wird sie mit dünnflüssigem Leim getränkt und unter langsamer Drehung zuerst mit grobem Schmirgel überzogen. Sobald derselbe angetrocknet ist, wird dieselbe Manipulation noch einmal wiederholt, nur nehme man diesmal eine feinere Schmirgelnummer. Wie aber auf allen Gebieten der Technik Fortschritte gemacht sind, so haben auch hier in neuer Zeit wesentliche Verbesserungen stattgefunden, welche diese Arbeit dem Spinnmeister ersparen. In neuer Zeit bedient man sich nämlich des Schmirgelbandes zum Ueberziehen einer Schleifwalze. Dieses Band liefert die Firma Wehler in Gummersbach in allen Nummern und Abmessungen in ganz vorzüglicher, tadelloser Arbeit. Ausserdem bezieht man auch zu demselben Zweck geriefeltes Schmirgelband von der Firma James Walton & Sons, Denton, England, Vertreter: Schwenske, Leipzig.

Das Schmirgelband wird ganz in derselben Weise behandelt und aufgezogen wie die Bandkratzen, nämlich in der Richtung von links nach rechts, nachdem dasselbe über eine blankgedrehte Welle von 2 Zoll Durchmesser einmal herumgeführt ist. Vor dem Aufziehen bestreiche man die Schmirgelwalze mit Leim und lasse diesen gut eintrocknen. Das Schmirgelband muss sehr vorsichtig aufgezogen werden, damit sich keine Zwischenräume an denjenigen Stellen bilden, wo es zusammenläuft; doch darf es, um ein Zerreissen zu verhüten, beim Aufziehen auch nicht zu straff gehalten werden.

Der Arbeiter muss beim Aufziehen des Bandes das Gefühl in den Händen haben, welche niedrigste und höchste Spannung zulässig ist. In Worten beschreiben lässt sich das nicht.

Mit einer neu geschmirgelten Schleifwalze wird trocken geschliffen und nicht mit Oel, wie dies leider so häufig in Spinnereien Gebrauch ist. Auf diesen Uebelstand wird bei Besprechung des Schleifens der Kratzen ausführlich zurückzukommen sein.

Durch Zusatz von Fett bildet sich durch die Länge der Zeit eine Art Schmutzkruste an der Oberfläche der Schmirgelwalze, eine kleistrige Masse, welche durchaus nachtheilig ist und den ganzen Schleifprocess vereitelt.

Zu erwähnen ist noch, dass es in einer geordneten Spinnerei Gebrauch ist, die Schleifwalze, wenn sie nicht mehr gebraucht wird, mit Papier oder Leinwand zu umwickeln, damit sich weder Staub noch Schmutz zwischen den Schmirgelkörnchen ansetzen kann.

Schliesslich lege man die mit so grosser Sorgfalt hergestellte Schmirgelwalze vorsichtig in eine leere Kiste, oder zwischen zwei Holzlagern an einen Ort, wo sie ungestört und ohne Gefahr für ihre Sicherheit aufgehoben ist, bis sie wieder gebraucht wird.

Eine gute Schleifwalze ist ein wahrer Schatz für eine Spinnerei und soll wie das Auge im Kopfe gehütet werden; denn ohne eine solche wird kein Spinner im Stande sein, etwas Tüchtiges in der Krempelei zu leisten.

Aufziehen und Schleifen der Kratzen. Diese Arbeit, welche ein specielles Studium und lange Uebung erfordert, gehört zu den edelsten und wichtigsten Beschäftigungen in der Spinnerei. Ihr gutes Gelingen gewährt eine besondere Freude und Genugthuung. Die Ansprüche, welche mit Bezug auf diese Arbeit an die Fähigkeit des Spinnmeisters gestellt werden, sind im Allgemeinen auf dem Kontinent viel grösser als in englischen Fabriken.

Während man bei uns von einem Spinnmeister verlangt, dass er die Maschinen fix und fertig montirt und in Gang bringt, auch mit dem Selfactor vertraut ist, dessen Bauart vollständig beherrscht, alle Reparaturen, welche vorkommen, selbst ausführt, die Krempeln ausputzt u. s. w., begnügt man sich jenseits des Kanals mit viel geringeren Anforderungen an einen Meister und zwar aus dem Grunde, weil in den dortigen Fabriken das Princip der Arbeitstheilung mit seltener Konsequenz durchgeführt wird. — So verwendet man dort z. B. zum Beschlagen der Kratzen fast ausschliesslich die sogenannten Nagler (nailers), Leute, welche sich speciell mit dieser Arbeit befassen und allerdings darin eine grosse Fertigkeit besitzen, da sie eben das ganze Jahr hindurch weiter nichts machen, als nur Kratzen beschlagen. In kleineren Spinnereien aber, wo nicht alle Tage beschlagen wird, giebt es allerdings auch die mit dem Namen Overlooker bezeichneten Meister, welche wie bei uns im Stande sind, alle Arbeiten an den Krempeln zu verrichten.

Was nun das Aufziehen oder Aufnageln der Blätter, beziehentlich das Aufwickeln der Bandkratzen anbetrifft, so bedarf es kaum der Hervorhebung, dass bei dieser Arbeit als einer der wichtigsten in der Spinnerei mit der grössten Sorgfalt vorgegangen werden muss.

Es ist in erster Linie beim Beschlagen darauf zu achten, dass diejenigen Walzen, gleichviel ob Tambour, Peigneur oder Wender, welche beschlagen werden sollen, ganz gerade und ganz rund sind. Auch nicht die kleinste Unebenheit soll sich an der Oberfläche zeigen. Sämmtliche Wellen und Zapfen sollen fest in dem Arbeiter und Wender sitzen, worauf ganz besonders aufmerksam zu machen ist; denn mit Bedauern muss an dieser Stelle konstatirt werden, dass dieselben vielfach locker sitzen, ein Fehler, welcher nicht streng genug zu tadeln ist. Ganz besonders hat er sich an Maschinentheilen bemerkbar gemacht, die in England gebaut sind. Es ist Thatsache, dass z. B. ein Wender, nachdem er abgedreht und beschlagen, dennoch beim Einlegen in die Krempel wieder unrund geworden ist. Als Ursache stellte sich heraus, dass beim Aufziehen des Kratzenbandes die Welle im Holz nicht fest gewesen war. In Folge dessen musste der Belag wieder heruntergerissen und die Welle von neuem verkeilt und befestigt werden, eine Arbeit, die erspart werden konnte und überflüssig war, wenn die Maschinenbauanstalt bei Anfertigung der Walzen mehr Sorgfalt geübt hätte.

Vor dem Beschlagen ziehe man sämmtliche Mutterschrauben im Tambour nochmals fest an; denn ab und zu finden sich doch solche dabei, die in Folge Eintrocknens des Holzes locker geworden sind und Anzug· haben.

Der Tambour wird nun in eben so viele Theile getheilt, als Blätter auf denselben aufgenagelt werden sollen. Bei einem Tambour mit Holzsegmenten aus Cedernholz ist diese Theilung überflüssig. Man zieht nur einen horizontalen dicken Strich quer über den Tambour und auf diese gerade Linie, die allerdings genau parallel der Tambourachse laufen muss, wird das erste Blatt aufgenagelt. Die Blätter sind so dicht als irgend möglich aneinander zu nageln und zwar so, dass zwischen je zweien höchstens ein Zwischenraum von 8 mm bleibt; je näher sie aneinander zu stehen kommen, desto besser arbeitet die Krempel. Nur wenn das erste Blatt genau auf die vorgezeichnete Linie kommt, werden alle hinter diesem ersten folgenden Blätter mit grosser Gleichmässigkeit Richtung halten.

Das Nageln der Blätter geschieht mittelst eigens zu diesem Zweck eingerichteten Handwerkzeuges. Die Nägel oder Kammzwecken, Stifte, werden dicht aneinander geschlagen, so dass der Zwischenraum von einem Nagel zum andern nicht mehr als 8 mm beträgt.

Das Anziehen der Blätter am untern Ende geschieht mittelst einer Beschlagzange, an welcher sich wieder ein Gewicht befindet, wodurch Garantie geboten ist, dass ein Blatt wie das andere mit gleichmässigem Druck an- und aufgenagelt wird.

Interessant und von grossem Vortheil ist die Art und Weise, wie man heut das Vorschlagen der Stifte handhabt.

Während man früher zum Vorschlagen sich eines einfachen Vorstechers (Fig. 18) bediente, verwendet man jetzt einen solchen mit einer ganzen Reihe von Stiften (Fig. 19) auf einem Vorstecher an einem Heft. Auf diese Weise werden mit einem Schlag statt einer gleich 6 bis 10 Oeffnungen auf einmal vorgeschlagen, ohne Frage ein sehr praktisches Handwerkzeug, welches jeder Spinner haben sollte, ganz besonders da, wo täglich und viel beschlagen wird.

Die grösste zulässige Anzahl von Stiften darf 10 nicht übersteigen.

In Kunstwollspinnereien, wo mit englischen Krempeln gearbeitet wird, werden die Arbeiter (worker) ebenfalls mit Blättern beschlagen, eine Einrichtung, welche sich als praktisch bewährt und zu jenem System als passend befunden worden ist.

Mit dem Aufziehen und Beschlagen der Volantblätter wird in derselben Weise verfahren, wie bei einem Blatttambour. Die einzelnen Blätter werden dicht nebeneinander aufgenagelt. Weite und grössere Zwischenräume zwischen den einzelnen Blättern sind zu verwerfen. Je dichter die Blätter aneinander zu stehen kommen, desto besser funktionirt der Volant, auf dessen Zweck später zurückzukommen sein wird.

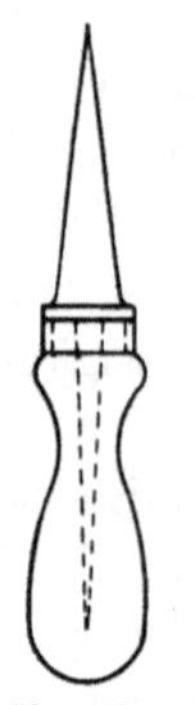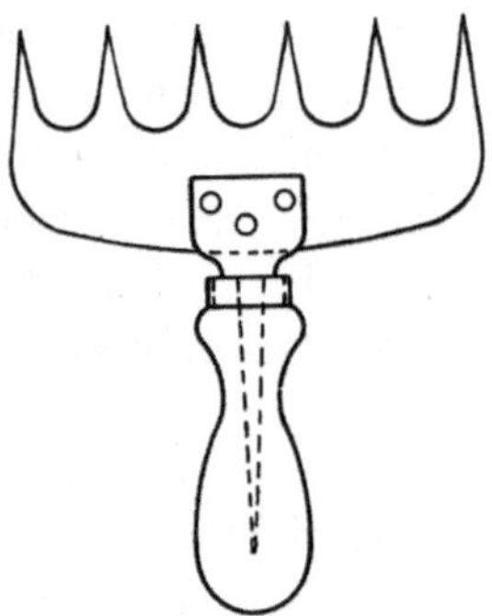

Fig. 18. Alter Vorstecher.   Fig. 19. Vorstecher mit 6 Stiften.

Das Aufziehen der Bandkratzen geschieht seit Jahren mittelst einer sehr einfachen mechanischen Vorrichtung in sehr praktischer Weise. Während in früheren Zeiten 4 bis 5 kräftige Arbeiter zu thun hatten, um einen Tambour beim Aufziehen zu drehen, dreht heute ein Mann mittelst einer Kurbel den Tambour ganz bequem allein, allerdings unter Anwendung eines sehr praktisch konstruirten Drehapparates mit Schneckentransmission. Zu der bildlichen Darstellung in Fig. 20 ist erläuternd noch Folgendes zu sagen. Die Einrichtung besteht im Wesentlichen nur aus zwei eisernen Kammrädern mit Drehvorrichtung.

Das grosse Kammrad hat einen Durchmesser von 50 cm und wird, da es einen grossen Widerstand zu überwinden hat, mittelst Stellschrauben und Zugkeilen fest auf die Welle derjenigen Walze aufgetrieben, welche beschlagen werden soll. Dies grosse Rad wird mittelst einer eben so dauerhaften eisernen

Schnecke und Kurbel in Bewegung gesetzt und langsam gedreht, so lange, bis das Band auf den Tambour aufgezogen ist. Diese Methode ist in der That sehr einfach und praktisch. Die Bandkratze wird auf diese Weise ganz gleichmässig nach Maassgabe ihrer Spannung aufgewickelt.

Das Aufziehen, wie das Nachlassen des Bandes muss mit der peinlichsten Sorgfalt gehandhabt werden und zwar von Leuten, welche, wenn irgend möglich, schon Erfahrung damit haben und das nöthige Verständniss besitzen.

So kann man z. B. durch unvorsichtiges oder unaufmerksames Anhalten des Bandes dasselbe sofort zum Auseinanderreissen bringen. Schon wegen dieser Gefahr empfiehlt es sich,

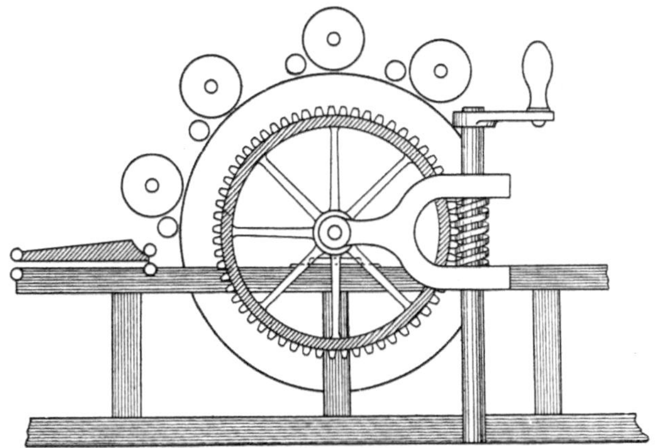

Fig. 20. Apparat zum Aufziehen der Bandkratzen.

die Arbeit durch gewissenhafte Arbeiter verrichten zu lassen. In demselben Tempo, wie die Drehung des Tambours erfolgt, muss die Bandkratze nachgelassen oder angezogen werden.

Nachdem nun alle Walzen, welche zu einer Krempel gehören, auf die vorgeschriebene Weise garnirt sind, werden die Kratzen geschliffen und nachher einer gründlichen Appretur unterzogen, eine Arbeit, welche von eigens dazu angestellten Leuten oder, wo dies nicht angeht, von dem Spinnmeister besorgt wird.

Es giebt Meister, mitunter auch Putzer, Leute, welche schon von Jugend auf Gelegenheit hatten, sich von früh bis Abend in Spinnereien zu beschäftigen, die eine erstaunliche Fertigkeit gerade in dieser Arbeit erreicht haben.

Mit grosser Sorgfalt wird von diesen Leuten jedes einzelne Zähnchen der Kratze in seine ursprüngliche Lage gebracht, aufgehoben und aufgerichtet; denn wo kein Zahn ist, kann die Kratze nicht arbeiten. — Zum Abdrehen derjenigen Walzen, welche einen Holzbelag haben, benutzt man mit Vorliebe eine eiserne Vorlage, bei welcher der Stahl mit der Hand hin und her gezogen wird. Diese Einrichtung scheint nicht ganz praktisch, da man mit der Vorlage nicht im Stande ist, die Walzen mit derjenigen Accuratesse abzudrehen, wie bei einer Auflage, welche mit Leitspindel und Support versehen ist. Wenn nun auch diese beiden unentbehrlichen Hülfswerkzeuge demselben Zwecke dienen, so ist doch dem Support entschieden der Vorzug zu geben, schon der grösseren Sicherheit wegen, mit der diese Arbeit ausgeführt wird, obwohl man mit dem Schlitten schneller zum Ziele kommt. Bei Gipsbelägen ist der letztere (Schlitten mit Auflage) überhaupt nicht zu gebrauchen.

Es erübrigt noch, Einiges über das Schleifen der Kratzen zu sagen.

Das Schleifen der Kratzen, welches mit derselben Sorgfalt gehandhabt werden muss, wie alle vorangegangenen Manipulationen, wird in manchen, namentlich kleineren Spinnereien, nicht mit dem Verständniss gehandhabt, wie es diese Arbeit verdient. Hoffentlich tragen diese Zeilen dazu bei, diese so wichtige Operation in die richtigen Bahnen zu lenken.

Nachdem die Kratzen aufgezogen und appretirt sind, so dass auch nicht ein Zähnchen fehlt, stelle man die Schleifwalze an und zwar in genau horizontaler und der Welle der zu schleifenden Walze genau paralleler Lage; das ist eine Hauptsache dabei.

Die Schleifwalze muss die Einrichtung zum Changiren haben, damit der Zahn schneller und gleichmässiger ausgeschliffen wird.

Im Anfange schleife man, wie zu wiederholen ist, trocken, nicht mit Oel, was sehr oft in den Spinnereien Gebrauch ist, so dass man vor Schmutz und Kleister kaum ein Körnchen Schmirgel an der Oberfläche der Schleifwalze zu sehen bekommt. Mit dem Trockenschleifen erhält man schon nach Verlauf einer Stunde ein kleines Bild davon, wie sich der Beschlag zum Schleifen anlässt, event. ob die Kratzen in ihrer ganzen Ausdehnung gut gearbeitet sind. Beim Anstellen lasse man die Schleifwalze nur ein klein wenig lecken und zwar in der Weise, dass sich das Geräusch des Schleifens auf beiden Seiten und in der Mitte kaum hörbar macht. Die Anstellung der Walze gegen den Tambour geschieht nach dem Gehör an beiden Enden in durchaus gleichen Abständen mittelst Anzugschrauben, welche an den Lagern der Walze angebracht sind.

Die alte Mode, die Lager der Schleifwalze mit einem grossen Hammer an- und abzustellen, ist nicht zu empfehlen, obgleich sie noch heute die am meisten gebräuchliche ist und viele Anhänger hat.

Die neuen und sehr praktischen Schleifapparate, durchweg aus Eisen gebaut, sind in vorzüglicher Ausführung in allen Maschinenfabriken zu haben, welche sich auf dem Kontinent mit Anfertigung von Spinnereimaschinen beschäftigen. Diese Apparate arbeiten mit grosser Präcision und haben sich seit Jahren in allen grösseren Fabriken Eingang verschafft. Sie sind mit sehr einfachen Vorrichtungen zum Schleifen versehen und so eingerichtet, dass ihre seitliche Lage nach Maassgabe der Breite der Walzen jederzeit verstellt werden kann.

Unsere alten hölzernen Schleifböcke in ihrer groben Bauart haben lange genug treue Dienste geleistet und gehören in die Rumpelkammer.

Wenn die Schleifwalze gut und mit scharfem Schmirgel versehen ist, so dauert die Schleiferei nicht lange. Ungeschliffene Kratzen, — die englischen sind überhaupt nicht anders, — gebrauchen je nach ihrer Beschaffenheit mehrere Tage zum Ausschleifen, während unsere zum Theil angeschliffenen deutschen Kratzen mitunter nur einige Stunden Zeit in Anspruch nehmen.

Stahldrahtkratzen, welche mehr aushalten als Eisendraht, leisten der Schmirgelwalze schon einen grösseren Widerstand. Man kann beim Schleifen derselben die Schleifwalze schon etwas scharf anstellen, ohne Gefahr zu laufen, dass Zähne ausspringen.

Wenn der Beschlag gut ausgeschliffen ist, was der Meister bald fühlt und sieht, wird derselbe mit einem Schleifleder abgezogen. Beim Abziehen ist darauf zu sehen, dass das Schleifleder mit gutem, feinkörnigem Schmirgel versehen ist, ebenso muss das Oel, welches auf dasselbe gegossen wird, von guter Beschaffenheit und säurefrei sein.

Ueber die Dauer des Abziehens mit Oel giebt es keine bestimmten Anhaltspunkte, in der Regel zieht man so lange ab, bis der Zahn die (in der Spinnmeistersprache) sogenannte „Giftschärfe" hat.

Pflege und Schonung der Kratzen. Ueber dies Thema könnte man allein ein Buch schreiben; denn der Artikel „Kratzen" repräsentirt in einer grossen Spinnerei ein ganz bedeutendes Kapital. Ohne Frage kann bei sachgemässer Behandlung viel daran gespart werden, während andererseits viel Geld verloren gehen kann, wenn der Spinner es nicht versteht, sparsam und wirthschaftlich mit den Kratzen umzugehen.

Was mir aber ganz besonders Veranlassung giebt, auf diesen Gegenstand näher einzugehen, ist der umfangreiche Verkauf von alten gebrauchten Kratzen. Dieses Geschäft wird in ganz ausgedehnter Weise von Leuten, welche sich speciell damit befassen, betrieben und es hat sich beinahe ein gewinnbringender Industriezweig daraus entwickelt. Es ist hohe Zeit, diese Unsitte endlich zu beseitigen, deren Ursachen zumeist in zu oberflächlicher Beurtheilung des Werthes der Kratzen zu suchen sind. Hoffentlich tragen diese Zeilen dazu bei, die Misswirthschaft für immer zu beseitigen, wo immer sie noch besteht, was glücklicher Weise nur vereinzelt noch in einigen Spinnereien der Fall ist. Der Spinner, welcher diese Bemerkungen liest, möge sich einmal sein Kratzenlager ansehen, wo er die alten Kratzen aufhebt. Er wird sich bald genug von der Wahrheit dieses Tadels überzeugen. Es sind manchmal die brauchbarsten Beschläge, welche abgerissen und andern Spinnern zum Verkauf angeboten werden, intelligenteren Spinnern, welche sie dann wieder zurecht machen und mit Nutzen damit in der Spinnerei arbeiten.

Nur durch eine strenge Kontrolle von Seiten der Chefs oder deren Vertreter oder durch die betreffenden Meister kann hier Abhülfe geschaffen werden.

Es ist Thatsache und kann durch sorgfältig geführte Statistik nachgewiesen werden, dass ein Sortiment Kratzen, das einigermaassen gut geleitet wird, für nicht mehr als 250—300 Mark Kratzen durchschnittlich pro anno verbrauchen darf. Dabei wird angenommen, dass das Sortiment aus 3 Maschinen besteht von $1^1/_2$ m Arbeitsbreite, dass die Krempeln mittleres Material,

Wolle und Kunstwolle arbeiten, bei einer täglichen Arbeitszeit von 12 Stunden im Durchschnitt. Ein so beschaffenes Sortiment Krempeln von 3 Maschinen muss mit dem Betrage von 300 Mark seinen jährlichen Bedarf an Kratzen decken. Es empfiehlt sich deshalb, dass in einer Spinnerei sich der Chef persönlich davon überzeuge, ob wirklich die Nothwendigkeit vorliegt, einen neuen Beschlag in Auftrag zu geben. Soll wirklich sparsam umgegangen werden, so muss man sich den alten, angeblich unbrauchbaren Tambourbeschlag erst ordentlich ansehen und untersuchen, wie lange derselbe gearbeitet hat, ob Zähne ausgesprungen, oder ob dieselben so weit herunter gearbeitet sind, dass der Volant nicht mehr eingestellt werden kann, oder ob andere Ursachen für die behauptete Unbrauchbarkeit vorliegen. Nur wenn alle diese Punkte erledigt und man sich die Gewissheit verschafft, dass mit dem alten Beschlag nichts mehr zu machen ist, soll zur Bestellung eines neuen geschritten werden.

Nach seinen Erfahrungen ist Verfasser zu der Ueberzeugung gekommen, dass es nicht praktisch ist, seine Kratzen aus zu vielen verschiedenen Kratzenfabriken zu kaufen und zwar aus dem Grunde, weil man alsdann nicht gut in der Lage ist, eine genaue Kontrolle über die Beschaffenheit und Leistungsfähigkeit derselben zu führen. In jedem Falle ist es für den Spinner eine grosse Erleichterung, wenn er den Bedarf an Kratzen für seine Krempeln nur aus einer, höchstens zwei Kratzenfabriken deckt. Bei Ertheilung einer Bestellung auf Beschläge ist ein eingehender Meinungsaustausch zwischen Spinner und Kratzenfabrikanten unerlässlich. Der letztere muss ganz genau davon Kenntniss nehmen, welchem Zweck die Kratzen dienen sollen, was für Material auf denselben gearbeitet und zu welchen Garnnummern es gebraucht wird. Es ist bekannt, dass bei Bestellungen oftmals die grössten Fehler gemacht werden, welche ihren Grund in Missverständnissen oder falschen Angaben haben.

Die betreffenden Drahtnummern, der Stich, das Knie, die Höhe und Stellung desselben, ob Stahl oder Eisen, ob mit oder ohne Futter, ob Leder oder Stoff, alle diese Details müssen bei Ertheilung eines Auftrages gründlich besprochen und erledigt werden.

Ein Kratzenfabrikant oder dessen Vertreter, welche Verständniss von der Spinnerei haben, somit Leute von Fach sind, eignen sich deshalb am besten zur Entgegennahme von Aufträgen und Bestellungen.

Man wird auf diese Weise immer unangenehmen Differenzen vorbeugen, welche sonst sehr oft zu einem unliebsamen Schriftwechsel Veranlassung geben. Uebrigens wird ein Kratzenbeschlag, sei er auch aus der besten und renommirtesten Fabrik hervorgegangen, niemals zufrieden stellen und günstige Resultate aufweisen, wenn er vom Spinner nicht mit Sachkenntniss behandelt, gepflegt und geschont wird.

Wie mancher Spinnmeister hat nicht schon einen guten tadellosen Beschlag, aus Unkenntniss oder Fahrlässigkeit, total verschliffen und verdorben. Es sind Fälle vorgekommen, dass ganz gute brauchbare Kratzen abgerissen und zur Verfügung gestellt worden sind. Ein anderer Meister in einer zweiten Spinnerei hat dieselben wieder aufgezogen, appretirt, überhaupt mit kundiger Hand behandelt und damit ganz vorzüglich gearbeitet.

Der Verfasser hat sich über Pflege und Schonung der Kratzen wiederholt öffentlich ausgesprochen. Bei Gelegenheit der am 15. Mai 1882 in Hainichen abgehaltenen XV. Delegirten-Versammlung des Centralvereins der deutschen Wollenwaarenfabrikanten hielt er über das Thema einen beifällig aufgenommenen Vortrag, und die No. 46 des 14. Jahrganges des „Deutschen Wollen-Gewerbes" brachte aus seiner Feder einen Aufsatz über den Gegenstand, dessen wesentliche Ausführungen noch heute unverändert Geltung haben und sich mit den Darlegungen an dieser Stelle decken.

Damit der Kratzenbeschlag eines Peigneurs (Doffer) seine ursprüngliche scharfe Spitze beibehält, hat der praktische Spinner oberhalb desselben eine kleine Schleifwalze angebracht, welche dicht über dem Peigneur zwischen zwei Lagern sich langsam in derselben Richtung wie dieser bewegt; sie wird von einer Riemenscheibe mittelst eines breiten Riemens in Betrieb gesetzt. Diese Walze, auf welche man auch Stahlbandkratzen aufziehen kann, wird dicht an die Oberfläche des Peigneurs gestellt, so dass sie denselben ziemlich scharf berührt. Sie hat also, ob als Schleifwalze mit Schmirgel oder mit Kratzen überzogen, den Zweck, den Peigneurbeschlag in fortwährender

Schärfe zu erhalten, mit andern Worten ein immerwährendes Schleifen desselben zu unterhalten. Der Kratzenbeschlag bleibt somit immer scharf und spitz und der Spinner kommt nicht in die Lage, denselben einmal extra zu schleifen, ein Umstand, der wesentlich dazu beiträgt, zuletzt ein schönes Wollvliess zu erhalten.

Die bildliche Darstellung dieser Anordnung in Fig. 21 soll vorliegende Ausführungen ergänzen.

Fig. 21. Anordnung zum immerwährenden Schleifen des Peigneurs.

Die Schleifwalze hat einen Durchmesser von 15 cm. Da ihre Umdrehungen pro Minute nur 40 Touren betragen, die Bewegung also sehr langsam, andererseits die Stellung gegen den Peigneur aber eine sehr scharfe ist, so muss der Riemen, welcher die Walze treibt, schon eine grosse Spannung haben, damit sie regelmässig funktionirt und nicht zum Stillstand kommt.

Diese Einrichtung ist durchaus praktisch und empfehlenswerth und zu wünschen und zu hoffen, dass sie in allen Spinnereien, gleichviel, ob Wolle oder Kunstwolle gesponnen wird, Eingang findet.

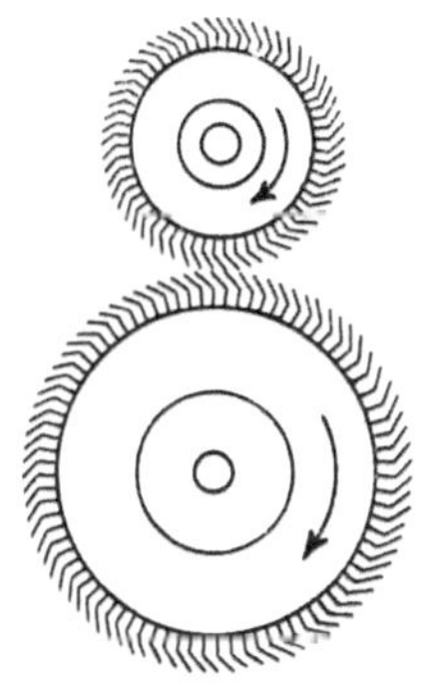

Fig. 22.
Selbstthätiger Schleifapparat am Peigneur.

Bei einem Tambourbeschlag verrichtet der Volant ungefähr dieselben Dienste, wie die Schleifwalze am Peigneur. Die Zahnspitze der Kratze wird durch fortwährendes Eingreifen des Volants laufend scharf und spitz gehalten. Ein Schleifen des Tambours gehört daher zu den Seltenheiten. In Folge seiner aussergewöhnlichen Geschwindigkeit (5 Touren, während der Tambour eine macht) und scharfen, in die Zähne des Kratzenbeschlages eingreifenden Stellung hält der Volant die Spitze des Tambourbeschlages immer scharf, seine eigene Abnutzung ist allerdings eine grössere als bei jedem andern Beschlag.

Bei dem Thema „Kratzen" ist noch zu erwähnen, dass mit Einführung der Stahlkratze, einer Erfindung, welche von sämmtlichen Spinnern mit grosser Genugthuung begrüsst worden ist, ein grosser Fortschritt in der Kratzen-Fabrikation gemacht worden ist. Eine mit Stahlgarnitur ausgerüstete und mit Sachkenntniss behandelte Krempel arbeitet das Material viel besser auf und durch als eine solche mit Eisendraht. Der Zahn leistet der Wolle grössern Widerstand und nützt sich nicht so schnell ab wie Eisen. Will man ein vollendet gutes Resultat und eine schöne Arbeit auf der Krempel haben, dann müssen selbstverständlich nicht nur der Tambour, sondern auch sämmtliche Arbeitswalzen mit Stahldrahtkratzen ausgestattet sein.

Die Erfindung der Stahlkratze und ihre Einführung in die Spinnerei datirt seit 1882, sie hat also jetzt eine jahrelange Erfahrung hinter sich, und der Spinner ist somit wohl im Stande, ein Urtheil über die Brauchbarkeit und Leistungsfähigkeit derselben abzugeben. Es gereicht dem Verfasser zum besonderen Vergnügen, nur Gutes und Lobenswerthes davon berichten zu können, nachdem er seiner Zeit der erste gewesen, der die Stahlkratze in die Spinnerei mit Erfolg einführte.

Putzer und Putzkratze. In dem soeben behandelten Kapitel ist gezeigt worden, mit welchen Vortheilen ein Spinner arbeitet, der seine Kratzen gehörig pflegt und schont, und welche Mittel er anzuwenden hat, um richtiger Pflege und Schonung der Kratzen gewiss zu sein. Natürlich kommt es hierbei auch sehr darauf an, wie und von wem diese Mittel in Anwendung gebracht, wie und von wem eine Kratze behandelt wird.

Bei den meisten Mitteln liegt ja der Erfolg in ihrem richtigen Gebrauch. So verhält es sich auch mit der Behandlung der Kratzen, von der im Folgenden die Rede ist.

Ein tüchtiger Putzer, der sein Fach versteht und die Fähigkeit besitzt, eine Krempel rationell zu behandeln, zu reinigen, zu putzen, ist von grossem Werth in der Spin-

nerei. Man ist ihm mehr schuldig als den blossen Tagelohn,
und darf gern und zustimmend die in der Spinnmeistersprache
geläufigen Worte citiren: Ein guter Putzer ist unter Umständen
besser als ein schlechter Spinnmeister.

Aber nur selten findet man einen Arbeiter, der das Verständniss besitzt, mit den Kratzen und Beschlägen manierlich
und sauber umzugehen. Hoffentlich werden diese Zeilen dazu
beitragen, dass die so verantwortliche Arbeit mit mehr Sachkenntniss und Verständniss ausgeführt wird. — In Belgien,
wo Verfasser Gelegenheit hatte, sich an Ort und Stelle
(Verviers) in den ersten Spinnereien umzusehen, ihre Massen-
produktion, verbunden mit tadellosem Gespinnst, zu bewundern,
können wir in dieser Beziehung viel lernen.

Die Leute, Arbeiter, Putzer u. s. w. sind dort viel flinker,
gewandter, sicherer, behandeln ihre Krempeln mit mehr Lust
und Liebe und gehen mit weit mehr Verständniss für die Sache
selbst zu Werke als unsere Spinnereiarbeiter. — In Folge dessen
ist auch die Produktion der Maschinen eine grössere, oder mit
anderen Worten: qualitativ und quantitativ ein befriedigendes
Rendement.

Es ist in der That eine Freude und macht dem Fachmann
ein Vergnügen, den belgischen Putzer in seiner Arbeit auf-
zusuchen und seine Leistungen im Krempelsaale mit anzusehen.

Da soll z. B. eine Reisskrempel von $1^1/_2$ m Arbeitsbreite
gereinigt, ausgeputzt, nachgesehen und ohne längeren Aufenthalt
wieder in Gang gebracht werden. Im Fluge entledigen sich
diese Leute ihrer Aufgabe, nicht nur, dass sie schnell und sauber
putzen, sondern sie arbeiten auch mit einer staunenswerthen
Handfertigkeit. Es sind allerdings zwei Putzer dabei beschäftigt, von denen der eine den Tambour und Peigneur, der andere
sämmtliche Arbeitswalzen zu putzen hat. Beide Putzer, freilich
ganz gewandte junge Leute, arbeiten einander in die Hand und
in ganz kurzer Zeit sind sie mit ihrer Arbeit fertig. Hierbei
kommt in Betracht, dass der belgische Spinner, Putzer und
Meister schon von früher Jugend an in der Branche auf-
gewachsen und ausgebildet, somit speciell für diesen Beruf er-
zogen und geschult ist.

Der Vater lehrt das Geschäft dem Sohn, dieser giebt darin
wieder seinen Kindern Unterricht, und so wird schliesslich die

ganze Familie speciell in der Spinnerei ausgebildet, eine Schule, aus welcher dann mit Nothwendigkeit die tüchtigsten Putzer und Spinnmeister hervorgehen.

Dagegen kann man wiederholt in hiesigen Fabriken, ganz besonders aber in Spinnereien von mässigem Umfang, die Beobachtung machen, dass vielfach ältere Leute, um ihnen, wie man sich wenig human ausdrückt, das Gnadenbrod zu geben, mit dieser Arbeit, wozu doch immerhin eine ganz bedeutende Muskelkraft gehört, betraut werden. Eine solche Verfügung über die Arbeitskräfte ist nicht zu empfehlen. Gerade zum Ausputzen gehören erst recht junge kräftige Leute, im Alter von 20—30 Jahren, welchen die nöthige Energie inne wohnt, schnell zu arbeiten, ganz besonders für die englischen und deutschen Krempeln bei der Arbeitsbreite von $1^1/_2$ m.

Jene alten ausgedienten Leute sind absolut unbrauchbar dazu und hantiren stundenlang an der Krempel herum, bevor sie wieder in Gang kommt. Man soll also die Schonung und Pietät dem alten Arbeiter gegenüber auch nicht zu weit treiben.

Wenn man erwägt, welche Verantwortlichkeit der Mann in der Ausübung seines Berufs übernimmt, so erscheint es geboten, denselben in seinem Wirkungskreise zu beobachten, ihm gründlich auf die Finger zu sehen und sich die Ueberzeugung zu verschaffen, ob er auch das leistet, was der Spinner von einem tüchtigen Putzer zu beanspruchen hat. Die Manipulation des Ausputzens einer Krempel ist eine besondere Wissenschaft, welche ein längeres Studium erfordert.

Je nachdem in der Spinnerei reines, gehörig gewaschenes oder schlechtes und schmutziges Material gearbeitet wird, bald später, bald früher und in jedem Falle nach einer gewissen Zeit und nach Durcharbeitung eines gewissen Quantums Material tritt der Zeitpunkt ein, wo die Krempeln anfangen schlecht zu arbeiten. Dies ist das Signal, um die Maschinen zu reinigen oder auszuputzen; denn durch die Länge der Zeit hat sich die Kratze bis an ihre Spitze mit Wollschmutz vollgearbeitet und ist nicht mehr im Stande, neue ihr vorgelegte Wolle zu kratzen, mit andern Worten: ihre Funktion hört auf. Dies Reinigen wiederholt sich je nach Beschaffenheit des Materials in verschiedenen Zwischenräumen.

Die Putzkratze, welche dazu dient, den Ausputz aus der

Kratze zu entfernen, muss richtig aufgezogen sein. Sie besteht aus einem Gestell von Holz, auf welchem die Kratze aufgenagelt ist. Dies ist das bei uns am meisten gebräuchliche Handwerkzeug. Zum Reinigen der Kratzen bedient man sich jetzt nur noch der Stahldrahtputzkratzen, womit man im Stande ist, einen Tambour oder andere Arbeitswalzen vollständig accurat auszuputzen.

Die Putzkratzen müssen die richtige Drahtnummer und denjenigen Stich haben, welcher genau der Feinheit der Kratze entspricht, die gereinigt werden soll. Nur wenn die Putzkratze diese Eigenschaften besitzt und leicht in den Kratzenbeschlag hineinpasst, hat der Putzer ein angenehmes und leichtes Hantiren.

Das Ausputzen muss so gehandhabt werden, dass die einzelnen Zähne dabei nicht heruntergedrückt werden. Ganz besonders an den Enden der Arbeiter, sage an den beiden Seiten derselben, findet man nur zu häufig, dass dort die Kratzenzähne massenhaft niedergedrückt sind, somit auch nicht arbeiten können. Man sehe sich einmal einen solchen Beschlag mit an beiden Seiten heruntergedrückten Kratzenzähnen an, welchen jämmerlichen Eindruck er macht.

Leider achten die Putzer häufig zu wenig auf die ihnen anvertraute Arbeit, sondern kratzen gedankenlos und leichtsinnig darauf los, ohne zu ahnen, welchen Schaden sie in der Spinnerei anrichten.

Nach dem Putzen werden mittelst eines kleinen, mit feinem Schmirgel überzogenen Schmirgelbrettchens sämmtliche Unebenheiten entfernt, ausgeglichen und, wenn nöthig, noch geschliffen.

Beim Abziehen und Schleifen mittelst Schmirgelholz ist auf einen Uebelstand aufmerksam zu machen. Da diese Arbeit vom Putzer ausgeführt wird und zwar nicht durch mechanischen Apparat, sondern mit den Händen, so ist doppelt Vorsicht geboten.

Durch zu langes und anhaltendes Daraufhalten mit dem Schmirgelholz auf einer und derselben Stelle entstehen leicht Unebenheiten, überhaupt unegale Stellen im Beschlage. Das Schmirgelholz muss daher ganz gleichmässig hin- und hergeführt werden. Mit scharfem Schmirgel kann man sofort den Zahn herunterschleifen, wenn man zu lange auf einer Stelle schleift. Die Kratzen werden auf diese Weise unegal hoch und niedrig in ihrer Zahnhöhe. Es ist also zu wiederholen, das Holz muss langsam und nicht im schnellen Tempo hin- und hergeführt und an den Seiten nicht länger aufgesetzt werden als in der Mitte. Während aller dieser Zeit muss der Putzer an seine Arbeit denken und sich dabei von Niemand unterbrechen lassen. Nur dann, wenn diese Vorschriften streng durchgeführt werden, wird jeder Zahn gebührend geschont und in seiner ursprünglichen Stellung erhalten.

Zum Ausputzen der englischen Kratze bedient man sich der Putzblättchen von Stahl (Jettling Plate). Dieselben haben eine eiserne Gabel, an welche ein Kammplättchen, ähn-

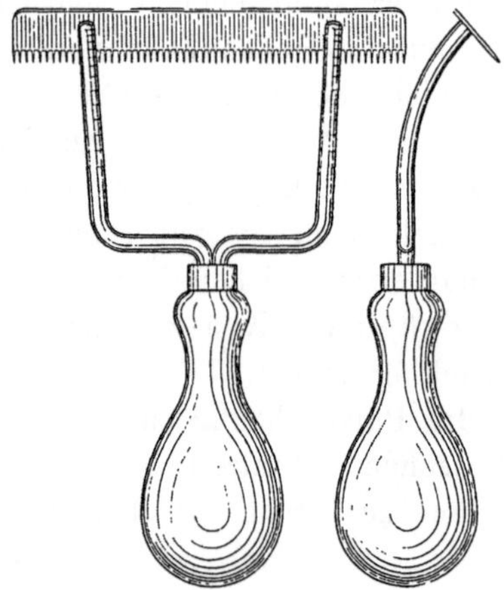

Fig. 23. Putzkratzen.

lich unserm Gatterkamm, angenietet ist, und ein starkes Heft von Holz. Da die englischen Kratzen kein Futter haben, so verrichten diese Stahlputzblättchen ihre Aufgabe ganz zweckmässig. Die Stahlputzblättchen werden je nach der Feinheit und Drahtnummer der Kratzen in verschiedenen Nummern gebraucht. Dieser Umstand ist sehr wohl zu beachten, will man nicht den Beschlag verputzen.

Mit diesem anscheinend unansehnlichen Handwerkzeuge kann man ohne grosse Anstrengung ausputzen.

Die Firma H. Heaton, Liversedge, England, beschäftigt sich speciell mit Anfertigung dieser Putzblättchen.

Der deutsche Spinner erkannte schnell die Vortheile, welche ihm durch die segensreiche Neuerung der englischen Putzkratze erstanden und bemächtigte sich sogleich des praktischen Handwerkzeuges, welches sich in der letzten Zeit bei uns eingebürgert hat.

Allerdings ist dabei niemals zu vergessen, dass für grobe Nummern Putzblättchen mit groben Zähnen, für feinere Kratzen solche mit feinern Zähnen passen und von der richtigen Wahl der Putzkratze ihre gute Arbeit abhängt.

Unter diesem Vorbehalt sind für unsere Stahldrahtkratzen, ganz besonders für Vorreisskrempel, die Putzblättchen durchaus empfehlenswerth. Wer von den Lesern diese Erfahrungen noch nicht gemacht hat, dem ist ein Versuch anzurathen.

Die Streiche muss vom Putzer beim Reinigen der Kratzen mit sicherer Hand geführt werden und zwar so, dass sich der Zahn der Putzkratze gleichmässig und ohne dass seine ursprüngliche Stellung verändert wird, herunterarbeitet.

Um sich Ueberzeugung davon zu verschaffen, wie die Putzkratze gehandhabt wird, nehme man dieselbe in Augenschein, nachdem sie bereits längere Zeit im Gebrauch gewesen, mithin schon etwas abgenutzt ist. Liegen die Zähne nach unten verdrückt und kreuz und quer untereinander, dann ist die Streiche in den Händen eines nachlässigen Putzers; denn wie sie aussieht, in demselben Zustande befinden sich auch die Kratzenbeschläge. Das ist ohne Frage die beste Kontrolle darüber, wie die Putzerei gehandhabt wird.

Zum Reinigen des Flortheilers, von dem später die Rede sein wird, bedient man sich einer Extrastreiche von Eisendraht und einer feineren Drahtnummer. Ein ordentlicher Putzer legt grossen Werth auf seine Putzkratzen, die ihm die Arbeit leicht machen, und hütet sie wie das Auge im Kopfe. Nach dem Gebrauch hebe man die Streichen sorgfältig auf oder verschliesse sie in einem Werkzeugkasten.

Nicht selten kommt es vor, dass dieses so kostbare Handwerkzeug nach gethaner Arbeit in den ersten besten Winkel des Spinnsaales geworfen wird, eine Angewohnheit, die entschieden der Zurechtweisung bedarf; denn ohne eine sauber geschonte Putzkratze ist man nicht im Stande, die Kratzengarnitur so zu reinigen, wie es sich gehört.

Krempelkette und Wenderiemen. Ein wesentlicher Unterschied zwischen dem praktischen Spinner, der von der Picke auf

gelernt und Jahre lang selbst tüchtig angefasst hat, und dem mehr
theoretisch ausgebildeten Berufsgenossen besteht darin, dass der
erstere einen sehr bedeutenden Werth auf Dinge legt, die dem
andern leicht klein und unbedeutend erscheinen. Nur dem
Praktiker obigen Schlages geht die hohe Wichtigkeit jedes einzelnen unscheinbaren Theiles einer Maschine für das Gelingen
der Gesammtzwecke so recht auf. Deshalb glaubt Verfasser
auch den in der Ueberschrift genannten Theilen ein besonderes
Kapitel widmen zu sollen. Sie verdienen, obgleich scheinbar
untergeordnet, die gleiche Aufmerksamkeit, wie Schleiferei und
Putzerei.

Die Krempelkette, welche, wie beigefügte Zeichnung
zeigt, sehr verschieden konstruirt ist, hat den Zweck, die Arbeiter

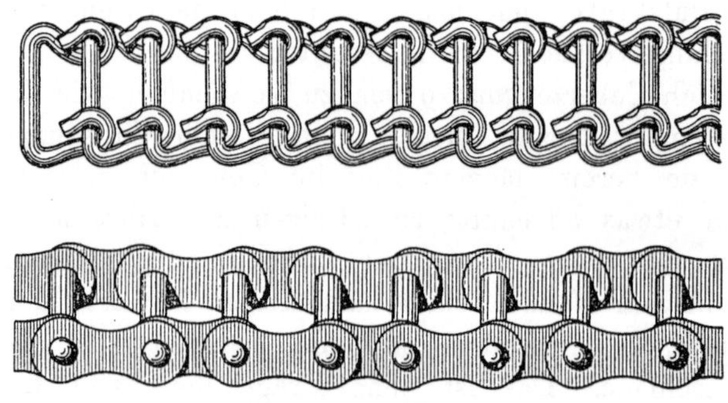

Fig. 24. Krempelketten.

in Bewegung zu setzen und im Gange zu halten und zwar in
der Weise, dass alle an der Krempel befindlichen Arbeiter sich
ganz gleichmässig bewegen.

Da die Bewegung derselben eine sehr langsame ist, so haben
die Arbeiterwalzen genügend Zeit, um das Material gehörig
durchzuarbeiten.

Die Kette soll weder zu straff, noch zu locker aufgezogen werden. Hat sie zu viel Spannung, so läuft man Gefahr, dass sich ihre einzelnen Glieder zu sehr ausdehnen, wodurch die ursprüngliche Theilung verloren geht, was wieder
einen unregelmässigen Gang der Arbeiter verursacht und sich
derartig steigert, dass man immer von Neuem gezwungen ist,
noch mehr zu spannen. Je mehr und öfter man aber die Kette
spannt, desto mehr dehnen sich die einzelnen Glieder, so dass
man endlich nicht mehr im Stande ist, mit ihr weiterzuarbeiten.

Dagegen kann man mit einer Drahtkette, wenn sie richtig aufgezogen, Jahre lang arbeiten, ohne sie durch eine neue zu ersetzen.

Um die Funktionen der Krempelkette im Gleichmaass zu erhalten, sind Kettenspanner mit Hebel und Gewichten angebracht, welche den Zweck haben, den Gang der Kette im Sinne der Vermeidung eines Zuviel und Zuwenig von Spannung zu reguliren.

Ganz besondere Aufmerksamkeit muss aber denjenigen Krempelketten zugewandt werden, welche direkt mit dem Tisch und Entreewalzen in Verbindung stehen, also da, wo die Kette nicht nur die Arbeiter, sondern zugleich auch den Auflegetisch antreibt. Die kleinste Unregelmässigkeit in ihrem Gange oder gar ein kleiner Stillstand der Krempelkette kann den grössten Schaden machen. Auch darf nicht unbemerkt bleiben, dass das Ansammeln von Staub und Flugwolle zwischen den einzelnen Kettengliedern vielfach Schuld ist, wenn die Kette nicht ordnungsmässig arbeitet. Diese Flugwolle setzt sich nach und nach in den Kettengliedern dermaassen fest, dass man solche kaum mehr sehen kann und schliesslich die Kette ganz aufhört, zu funktioniren.

Es empfiehlt sich daher, die Kette von Zeit zu Zeit zu reinigen und die Flugwolle daraus zu entfernen. Diese Manipulation kann am gründlichsten mit einer alten Ausputzkratze vorgenommen werden, ohne die Maschinen dabei ausser Betrieb zu setzen.

Der Wenderiemen, welcher dazu bestimmt ist, den Volant, die Wender und die Hackerbewegung im Betriebe zu erhalten, hat eine nicht minder wichtige Bedeutung als die Krempelkette und muss ebenso sorgfältig kontrollirt und behandelt werden wie diese.

Auch hier sammelt sich die Flugwolle nach und nach an und umzieht den Riemen mit einer starken Schmutzkruste, ein Umstand, welcher seine Leistungsfähigkeit stark beeinträchtigt.

Diese Flugwolle legt sich in der That so fest an die Innen- und Aussenseite des Riemens, dass derselbe schliesslich überhaupt keine Wirkung mehr hat. Auch das Einziehen und Zusammennähen der Wenderiemen soll ordnungsmässig gehandhabt werden und zwar in der Weise, dass sich an der Verbindungsstelle weder Erhöhungen noch Doppellagen befinden. Um Stösse und Erschütterungen zu vermeiden, empfiehlt es sich, den Wenderiemen nicht übereinander zu legen, sondern stumpf zusammen zu stossen, wie Fig. 25 zeigt. Man verwendet zu diesem

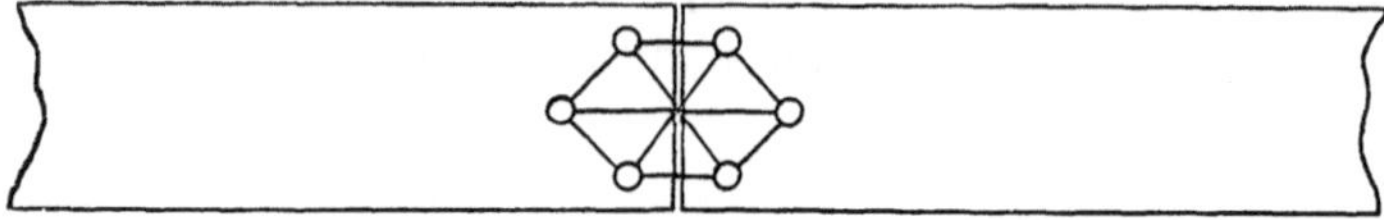

Fig. 25. Riemennaht.

Zweck gute, feste Stichriemen von circa 60 cm Länge. Fig. 26 ist die bildliche Darstellung, wie ein Wenderiemen eingezogen wird. Es empfiehlt sich sehr, den Riemen nicht zu schlaff einzuziehen, sondern ihm eine ziemliche Straffheit zu geben, um den Volant, welcher viel mehr Kraft gebraucht als die Wender, mit derjenigen Energie anzutreiben, ohne welche er überhaupt nicht mit Erfolg arbeiten kann. Der Wenderiemen hat somit

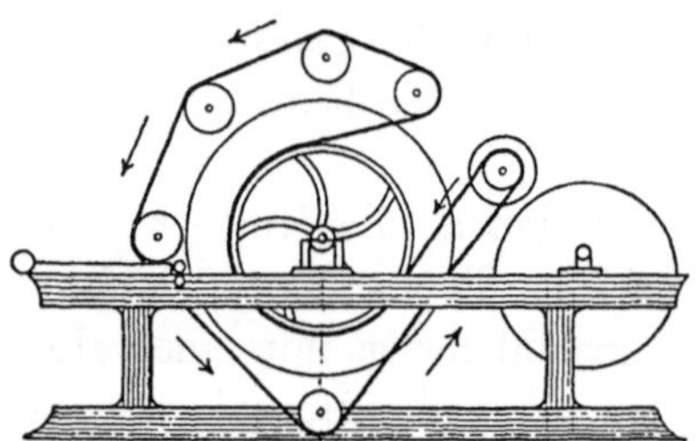

Fig. 26. Der Lauf des Wenderiemens.

seine grosse Bedeutung in der Spinnerei, und wenn er in der angegebenen Weise gepflegt und gehandhabt wird, dann wird er ohne Zweifel seine Aufgabe voll und ganz erfüllen und somit wesentlich dazu beitragen, einen schönen klar durchgearbeiteten Flor auf der Krempel herzustellen.

Auf die Wirkungsweise der Wenderiemen in Bezug auf den Volant wird im folgenden Aufsatz ausführlich eingegangen.

Die Schnellwalze (Volant). Erst lange Zeit, nachdem Lewis Paul die Bewegungen der flachen Handkratzen gegeneinander auf rundlaufende Walzen übertragen und damit die Krempelmaschine das Licht der Welt erblickt hatte, wurde (um 1785 etwa) die Schnellwalze oder der Volant als eine wesentliche

Bereicherung der von da ab ihren Siegeslauf durch die Welt nehmenden Krempel erfunden. Die alte Handarbeit, welche man in den gegenseitigen Beziehungen und den Funktionen des Tambours, Arbeiters, Wenders und Peigneurs leicht wieder erkennt, hat eigentlich kein Vorbild für den Volant, wenigstens nicht in seiner Eigenschaft als Vliessglätter. Er war eine freie und durchaus schöpferische Erfindung, veranlasst durch die Schwierigkeiten, welche man darin fand, die zwischen den Zähnen des Tambourbeschlages befindliche Wolle an die Oberfläche desselben zu heben, also dass sie vom Peigneur dem Tambour abgenommen werden konnte. Dies ist die wesentliche Aufgabe der weichen elastischen Kratzen, womit der Volant besetzt ist, verbunden mit der nicht weniger wichtigen, aus der erstgenannten sich gewissermaassen ergebenden, dem Wollvliess Strich und Ansehen zu verleihen, was dann auch Zug und Strich für das Garn bedeutet. Die Wirkung des Volants ist deshalb in der Spinnerei von grosser Bedeutung; von seiner Leistungsfähigkeit hängt sehr viel ab.

Fragt man, durch welche Mittel der Volant seiner Aufgabe genügt, so sind als solche im Wesentlichen seine schnelle, den Tambour um etwa $1/3$ von dessen Umfangs-Geschwindigkeit überholende Gangart und seine scharfe Stellung in den Kratzenbeschlag des Tambours hinein zu bezeichnen. Anweisungen für die richtige Leistung eines Volants werden daher an die Umdrehungsgeschwindigkeit desselben und an seine geeignete Stellung zum Tambour anzuknüpfen haben.

Die Stellung und die Umdrehungen der Schnellwalze richten sich immer nach der Beschaffenheit des zu krempelnden Materials, welches in den meisten Spinnereien mitunter sehr verschieden und oft sehr bunt zusammengewürfelt ist. Da enthält z. B. eine Partie von 100 Kilo Wolle die verschiedensten Sorten, bisweilen 10 verschiedene Qualitäten, feine, mittlere und grobe Wolle, Cheviot, Kämmlinge, Kunstwolle und ganz feine Mungos, die sich schwer arbeiten, während Kämmlinge und Kunstwolle bereits einen Krempelprocess hinter sich haben. Kurz eine Zusammenstellung der mannigfaltigsten Farben und Sorten, die ein wahres Quodlibet bilden.

Das wäre nun an und für sich nicht schlimm; bedenkt man aber, dass z. B. feine Wolle oder baumwollene Abfälle eine ganz andere und weit schärfere Stellung der Krempel im Allgemeinen und des Volants im Besondern, kürzere Wolle schnellere Gangart des Volants erfordern, als offene grobe Wolle, so ist es immerhin für den Spinnmeister keine leichte Aufgabe, die geeignete Stellung und Umdrehungszahl des Volants, sage die richtige Mitte zu finden, welche für die Bestandtheile der Mischung im Durchschnitt angemessen ist. Hier kommt denn das alte Sprüchwort zur Geltung, das sich noch immer bewährt hat: **Probiren geht über Studiren.** Es hat in solchem Falle seine grossen Bedenken, Informationen aus Büchern holen zu wollen.

In der Regel giebt man dem Volant $4^1/_2$ Umdrehungen in derselben Zeit, wo der Tambour eine macht.

Bei langen, offenen und ganz groben Wollen, wie solche auf eigens zu diesem Zweck konstruirten Krempeln gearbeitet werden, lässt man den Volant noch langsamer laufen. Aber auch das hat seine Grenzen, und sobald man sieht, dass der Volant sich mit Wolle zu überziehen anfängt, darf man sicher sein, dass er schon zu langsam geht und damit ist das Signal gegeben, ihn schneller laufen zu lassen.

Bei mittleren und feinen Wollen giebt man dem Volant $4^1/_2$ bis 5 Umdrehungen auf eine Tambour-Umdrehung. Auch hier ist wiederum der Charakter und die Beschaffenheit des Materials allein maassgebend. Die richtige Stellung des Volants wird durch das Gehör vermittelt, nämlich durch ein leises Zischen, welches sich immer mehr steigert, je näher der Volant die Kratzenzähne des Tambours berührt.

Um die Umdrehungen, resp. die Touren des Volants zu reguliren d. h. den Volant je nach Bedürfniss schneller oder langsamer laufen zu lassen, bedient man sich verschiedener, auf die Volantwelle zu steckender Antriebs-Scheiben. Diese eisernen Volantscheiben müssen in jedem Krempelsaale dem Meister in beliebiger Anzahl zur Verfügung stehen, ihr Durchmesser beträgt circa 8 cm für schnellere Umdrehungen, und steigt jede einzelne Scheibe um 5 mm bis zum Durchmesser von 20 cm. Die Scheiben müssen Einrichtung haben zum An- und Losschrauben, keine Zugkeile mit hervorstehenden Nasen, überhaupt müssen sie zum schnellsten Auswechseln eingerichtet sein. Das in vielen Spinnereien gebräuchliche Umnageln der Scheiben mit altem, ausgezogenem Kratzenband ist entschieden zu verwerfen, aus dem Grunde schon, dass der Wenderiemen unter der Reibung der hervorstehenden Nagelköpfe leidet und bald schadhaft wird.

Soll der Volant gut laufen, so müssen auch Drahtnummer und Stich denjenigen des Tambours entsprechen, weshalb es rathsam ist, bei Ertheilung einer Ordre Tambour- und Volant-Beschlag in ein und derselben Fabrik zu bestellen; denn nur in diesem Falle ist der Spinner sicher, dass der Volant gut arbeitet. Es soll an dieser Stelle nicht unerwähnt bleiben und lobend anerkannt werden, dass die Fabrikation der Kratzen in dieser Beziehung grosse Fortschritte gemacht und auf eine hohe Stufe gelangt ist.

Man kann heute mit vollem Vertrauen einen ganz neuen Volant-Beschlag, wie er aus der Fabrik geliefert ist, aufnageln, einlegen und sofort damit arbeiten, ohne Gefahr zu laufen, einen Fehlgriff zu machen, wie es früher oft der Fall gewesen ist.

Das Aufziehen und Beschlagen des Volants wird ebenso gehandhabt, wie die gleiche Arbeit bei einem Blatttambour, mit der Abweichung, dass man jene nicht so straff aufzieht als diese. Gewöhnlich gehören 5 — 6 Blatt zu einer Volant-Walze, dieselben müssen so dicht als möglich aufgeschlagen werden und in kleinen Zwischenräumen von höchstens 10 mm von einander zu liegen kommen. Je dichter die Blätter an einander gebracht sind, desto besser arbeitet der Volant. Wenn der Volant aufgenagelt ist, wird er, wie früher beschrieben, appretirt und eingelegt, um ihn eine Zeitlang mit dem Tambour laufen zu lassen. Dabei wird die Spitze des Volants leise mit dem Kratzenbeschlag am Tambour in Berührung gebracht, so dass sich nur ein mattes Rauschen vernehmbar macht. Jedenfalls vermeide man hierbei ein zu scharfes Einstellen, sonst springen die Zähne im Tambour aus.

Es ist weiter darauf zu achten, dass sich der Volant an beiden Seiten gleichmässig herunterarbeitet. Leider wird diesem Umstand nicht immer die erforderliche Aufmerksamkeit zugewandt. Es empfiehlt sich deshalb, den Volant jedesmal beim Reinigen der Krempel zu untersuchen, ob er auch an beiden Seiten der Maschine egal entfernt vom Tambour absteht.

Abgesehen davon, dass es schon an und für sich einen schlechten Eindruck macht, wenn die eine Seite und zwar mitunter ganz bedeutend mehr heruntergearbeitet ist als die andere, läuft man Gefahr, den Beschlag in kurzer Zeit abreissen und durch einen neuen ersetzen zu müssen.

Die Ursache dieses unglcichmässigen Herunterarbeitens der Volantblätter ist zum Theil darin zu suchen, dass der Volant auf derjenigen Seite, die niedriger ist, vom Spinnmeister schärfer an den Tambour angestellt ist, in Folge dessen der Zahn auf dieser Seite eine grössere Abnutzung erfährt, während auf der anderen Seite der entgegengesetzte Fall eintritt.

Aber noch andere Ursachen wirken mit. Der Wenderiemen arbeitet mit einer ausserordentlichen Spannung, wodurch der Druck auf die Zapfen und Messinglager des Volants vermehrt wird. Bei der grossen Geschwindigkeit, besonders in Streichgarn- und Vigognespinnereien, wo die Krempeln bis 150 Umdrehungen per Minute machen, ist der Fall nicht ausgeschlossen, dass die Riemenseite des Volants warm zu laufen anfängt, namentlich dann, wenn die Lager und Zapfen nicht eine genügende Fettigkeit haben.

Wird diescr Uebelstand von dem bedienenden Arbeiter oder vom Spinnmeister nicht sofort bemerkt und die Krempel nicht sofort ausser Thätigkeit gesetzt, dann leidet an dieser Seite auch der Kratzenbeschlag, nutzt sich schneller ab und der Schaden ist fertig.

Ein gut gehender Volant wird nur wenig oder gar keine Flugwolle auswerfen. Geschieht es dennoch, dann ist entweder die Stellung desselben zum Tambour, Uebertreibung der Geschwindigkeit oder die Beschaffenheit des Kratzenbeschlages daran schuld. Es ist Sache des Spinnmeisters, diesen Uebelstand zu untersuchen und schnell zu beseitigen. Sehr praktisch sind die kleinen Volantwellchen, die unterhalb des Volants angebracht werden und dazu dienen, die Flugwolle gleichmässig zu vertheilen, wenn solche ausgeworfen wird. Der Betrieb dieser kleinen Wellchen soll direkt vom Tambour aus geschehen und nicht, wie man es überall findet, durch den Wenderiemen, der ohnehin schon genug belastet ist. Auch ist es nicht nothwendig, sie so schnell wie den Volant laufen zu lassen. Ihre Stellung zum letzteren einerseits und zum Peigneur andererseits beträgt circa 5 mm; ein näheres Anstellen hat keinen Zweck.

Wenn der Volant keine Flugwolle mehr auswirft, kann das Volantwellchen ausser Betrieb gesetzt werden.

Uebrigens darf es Wunder nehmen, dass die mit dem Bau von Krempeln beschäftigten Maschinenbauer noch nicht auf den Gedanken gekommen sind, den Volant direkt vom Tambour, also ganz unabhängig vom Wenderiemen antreiben zu lassen. Diese Anordnung würde viel dazu beitragen, den Gang der Krempel zu erleichtern, ausserdem den Wenderiemen entlasten. In der That ist es nicht nothwendig, die Wender durch einen Riemen von grösster Spannung, wie sie der Volant erfordert, in Bewegung zu setzen; denn der Wender hat nur den Zweck, die vom Arbeiter abgenommene Wolle dem Tambour wieder zuzuführen, erfordert also nur sehr wenig Kraft. Der Wenderiemen wird nur straff gehalten, weil er den Volant energisch bewegen soll, nicht aber der Wender wegen, die, wie bemerkt, sich nur in derselben Richtung drehen, ein Umstand, der allein nicht hinreicht, um ihre Zusammenkuppelung mit dem unter ganz andern Verhältnissen und viel schwerer arbeitenden Volant zu rechtfertigen. Verfasser meint, dass diese Anregung und Anleitung zum directen Betrieb des Volants vom Tambour aus der Aufmerksamkeit der Maschinenkonstrukteure wohl werth ist.

Die alte Methode, die Blätter eines Volants mittelst eines Stahlstabes herunterzudrücken und diese Manipulation mehrmals mit dem Support zu wiederholen, sobald der Volant schlecht arbeitet und sich umzieht, ist entschieden zu verurtheilen. In früheren Zeiten war das allerdings ein probates Hülfsmittel, wenn garnichts mehr helfen wollte, so zu sagen die ultima ratio. An jeder Krempel kann man die Beobachtung machen, dass der Volant die Eigenthümlichkeit besitzt, die Wolle nach der Mitte zu werfen, wodurch Ungleichheiten im Vorgespinnst entstehen. Hiervon wird noch im Nachfolgenden bei Beschreibung des Krempelprocesses und des Flortheilers ausführlich die Rede sein.

Das Umziehen des Volants mit Flugwolle entsteht auch dadurch, dass vom Beschlagen her einzelne Zähne im vorbogenen Zustande stehen geblieben sind. Diese Zähne müssen, wird der Volant in Dienst gestellt, erst sorgfältig entfernt werden; denn gerade hier hängt die Flugwolle am meisten fest und verursacht schliesslich ein gewaltsames und unnatürliches Herausreissen der Wollfaser aus dem Tambour der Krempel. Bei einer Reisskrempel hat das Auswerfen der Flugwolle nicht so viel auf sich. Wie nachtheilig dieser Umstand aber bei der Vorspinnkrempel, also bei der Fadenbildung ist, findet sich noch bei Beschreibung der Flortheiler Gelegenheit zu zeigen. Was die Drahtnummer der Kratze anbelangt, so soll der Volant in der Regel 2 Nummern feiner sein als der Tambour.

Noch auf einen andern Uebelstand ist aufmerksam zu machen, welcher ebenfalls durch den Volant verursacht wird: das Sich-Ueberziehen des Tambours mit Ausputz, was seinen Grund in der schlaffen Bewegung des Volants hat, ganz besonders dann, wenn der Wenderiemen zu lang ist und nicht mehr energisch treibt.

Dann bedeckt sich der Tambour nach und nach mit einer Wollkruste, welche immer stärker wird, bis die Krempel schliesslich anfängt, schlecht und grützig zu arbeiten. Ein gut gehender Volant soll überhaupt keinen Ausputz erzeugen, sondern nur Mergel und Schmutz ausscheiden. Höchstens an der Vorspinnkrempel darf sich eine schwache Woll- und Ausputzlage bilden, die mit der Putzkratze leicht zu entfernen ist.

Für den Spinner ist es eine ganz bedeutende Erleichterung und auch Ersparniss, wenn die Krempel nicht zu oft geputzt und in Folge dessen auch wenig Ausputz gewonnen wird. Um dieses Resultat zu erreichen, ist man nach vielen Versuchen und Erfahrungen endlich dazu gekommen, ein Mittel zu finden, welches wesentlich dazu geeignet ist, das schädliche Auswerfen der Flugwolle zu beseitigen und in Folge dessen auch das öftere Putzen zu vermeiden. Dasselbe besteht einfach darin, den Volant nicht mehr auszuputzen und wenn es dennoch geschieht, nur ein einziges Blatt zu reinigen und bis zum Reinigen des zweiten und dann des dritten u. s. f. stets eine gewisse Zeit verstreichen zu lassen. Diese Anordnung wird allerdings manchem Spinner als eine Ungeheuerlichkeit erscheinen, aber so widersinnig diese Mittheilung klingt, so beruht sie doch auf voller Wahrheit und ist das Ergebniss jahrelanger Beobachtung im Krempelprocess. Verfasser hält sich fest überzeugt davon, dass diejenigen, welche noch keinen Versuch damit gemacht, in ihrem Interesse nichts Eiligeres zu thun haben werden, als die Order zu geben, von jetzt ab keinen Volant mehr zu putzen. Die Stellung des Volants wird dadurch nicht beeinflusst; aber der beste Beweis von der Richtigkeit dieser Beobachtung ist der, dass ein neuer Volant, der eben eingelegt wirft, erst dann besser zu arbeiten anfängt, wenn sich nach einigen Tagen an der Oberfläche des Blattes eine schmutzige Kruste zeigt. Das Ausputzen des Volants kann mithin so lange unterbleiben, bis die Schmutzkruste zu stark wird, was man nur von Fall zu Fall zu beurtheilen im Stande ist. Tritt diese Nothwendigkeit ein, so dürfen keineswegs alle 5 oder 6 Blätter des Volant-Beschlags auf einmal geputzt werden, sondern nur, wie oben schon gesagt, nacheinander, bis sie der Reihe nach durchgeputzt sind. Auch soll das Ausputzen überhaupt nur dann geschehen, wenn die Krempel die Reife dazu erlangt hat, mit andern Worten, wenn sämmtliche Walzen, Arbeiter, Peigneurs und Tambour bis oben an mit Ausputz gefüllt sind und in Folge dessen schlecht zu arbeiten anfangen.

In vielen Spinnereien besteht die Einrichtung, den Volant mit einer sogenannten Schutzhaube zu umgeben, welche den Zweck hat, das Auswerfen der Flugwolle zwar nicht ganz zu verhindern, aber Staub und Flugwolle möglichst zusammen zu halten. Verfasser ist kein Verehrer dieser Hauben, welche den Volant beinahe hermetisch verschliessen und frägt, wo denn schliesslich die Flugwolle bleibt, welche sich nach und nach ansammelt; irgendwo muss sie doch mal zum Vorschein kommen. Unter Umständen kann sie sogar viel Schaden machen, namentlich bei einem unzuverlässigen Volant, der dem Auge des Meisters entzogen ist. Diese Einrichtung kann also nicht gerade für praktisch gelten. In ganz England findet man in den dortigen Spinnereien nicht eine einzige Haube, und die englischen Spinner sind doch ohne Frage praktische Leute. Es mag sein, dass die Volanthauben auch ihre Lichtseiten haben; doch überwiegen ihre Schattenseiten. Ein Volant braucht keine Schutzhaube, die nur zu leicht seine gefährlichen Mängel zudeckt. Er zeige sich frei und offen dem kundigen Auge des Meisters, damit seine Leistungen jederzeit zu kontrolliren sind.

Alle Bemühungen, und von Technikern mit dem grössten Scharfsinn entwickelten Ideen und Versuche, den Volant durch einen andern Apparat zu ersetzen, sind bis heute erfolglos geblieben. Es lohnt sich daher nicht, über solche bisher nicht bewährten Neuerungen zu sprechen.

Der Volant ist eine geniale, schwerlich durch etwas Besseres zu übertreffende Erfindung und hat das mit ähnlichen glücklichen Lösungen technischer Aufgaben gemein, dass, je mehr man sich mit ihm beschäftigt, man um so mehr seine Nützlichkeit erkennt, die sich in ganzer Fülle und Kraft aber erst in der Hand des Kundigen entfaltet. Jedes wirklich tüchtige Werkzeug gewinnt durch seinen rationellen Gebrauch.

Das Interesse des denkenden Spinners an der Krempel wird sich in der Hauptsache auf den Gang des Volants konzentriren, wenn er einen schönen Faden Garn herstellen soll, wie es heut zu Tage in einer Spinnerei verlangt wird.

Verfasser stellt diese seine Gedanken über den Volant der Prüfung durch die Fachgenossen anheim. Er verschliesst sich der Möglichkeit nicht, dass Andere auch anderer Meinung über den Gegenstand sein können. Im Grunde lag ihm daran, aus vieljähriger praktischer Beschäftigung die Vortheile und Nachtheile in der Handhabung des Volants gehörig zu beleuchten. Nirgends ist ihm die Wahrheit des Wortes, Probiren geht über Studiren, häufiger und überzeugender entgegengetreten als beim Gebrauch des Volants.

Der Krempelprocess. Worauf es beim Krempeln ankommt, ist schon ganz ausführlich dargelegt worden. Es ist nunmehr zu zeigen, wie sich der Krempelprocess von seinem Anfang, der entstäubten, gelockerten und geölten Wolle an, bis zu seinem Endprodukt, dem Vorgarn, entwickelt.

Die Erfahrung lehrt, dass man eine Maschine erst ganz versteht, wenn man sich vergegenwärtigt, wie sie allmählich geworden ist. Deshalb kann man die verwickelten Processe, welche eine Krempel uns zeigt, erst richtig begreifen, wenn man auf die Anfänge zurückgeht, die im uralten Gebrauch der Handkratzen zu suchen sind. Denn unsere Altvordern verstanden mit den einfachen Mitteln, die sie besassen, schon vorzügliches Garn zu spinnen, und wir haben mit aller unserer kunstvollen Maschinerie kaum etwas Anderes gethan, als ihnen die Grundzüge ihrer Handarbeit abzusehen und solche beizubehalten, während wir die Hand durch Organe von Holz und Eisen ersetzten. Neue, wirklich schöpferische Gedanken sind auf diesem Schaffensgebiet, wie auf manchem andern, rar genug, und wir müssen uns bescheiden, dass wir auch in unsern besten Vollbringungen auf den Schultern der Vorfahren stehen und tausendjährige Kulturarbeit nur fortsetzen, nur an schon Gewordenes und Herausgebildetes anknüpfen und die bessernde Hand anlegen.

Wie verfuhren unsere Väter bei der Umwandlung der wirr durcheinanderliegenden rohen Gespinnstfasern zu der Locke, welche sie dann auf dem Spinnrade ausspannen? Sie bedienten sich dazu zweier mit Kratzen beschlagener, mit passendem Handgriff, versehener Brettchen von rechtwinkliger Gestalt, etwa 24 auf 15 cm gross, und nahmen davon in jede Hand eins. Erst kurz vor der Lewis'schen Erfindung — um 1740 — wurde diese ursprüngliche Hantirung durch John Wyatt, der noch an anderer Stelle rühmend zu erwähnen sein wird, wesentlich verbessert, indem er einem der Brettchen in seinen sogenannten Stockcarden feste Auflage gab und nur mit dem andern operirte. Hierdurch konnten den Handkratzen entsprechend grössere Abmessungen gegeben werden, zumal der Erfinder auch die Hantirung mit der beweglichen Kratze durch mechanische Mittel erleichterte. Das Krempelross war die weitere Ausbildung dieser Neuerung. In dieser Vorrichtung gab es also ein unteres festliegendes Handbrett mit stets gleich gerichteten Kratzenzähnen und ein oberes bewegliches in der Hand des Arbeiters, dessen Zähne bald dem untern gleich, bald durch Umdrehung dem untern entgegengesetzt gerichtet werden konnten. Man begann damit, das Spinnmaterial auf dem untern Brett locker auszubreiten und führte nun das obere bei gleicher Stellung der Kratzenzähne — obere und untere Kratzen nach dem Arbeiter zu gerichtet — von vorn nach hinten. Hierauf drehte man das obere Brett um, sodass nun die Kardenzähne gegeneinander standen und führte es wiederum von vorn nach hinten. Als dritte Bewegung folgte bei der gleichen Stellung der Kratzenzähne eine Bewegung von hinten nach vorn und als vierte endlich, nachdem man das obere Brett umgedreht, also die Kratzenzähne gleichgerichtet hatte, ein Bewegung von hinten nach vorn. Diese 4 Bewegungen, also die zwei ersten von vorn nach hinten, die zwei letzten von hinten nach vorn, — zwischen 1 und 2 und zwischen 3 und 4 Umdrehung der ursprünglich mit der untern gleichgerichteten oberen Handkratze, — führten folgende Arbeiten aus: ad 1 gleichmässige Ausbreitung des Fasermaterials zwischen den Zähnen des untern Brettes, ad 2 Erfassung der überstehenden Faser, Kämmung und Streckung derselben nach hinten zwischen die Zähne des untern Brettes, ad 3 Hebung des zwischen den

6*

Zähnen des untern Brettes vertheilten Spinnmaterials bis an die Spitze der Kratzenzähne, ad 4 Auskämmung des Spinnmaterials aus dem untern Brett in Form eines zusammenhängenden Flors, der nudelartig zusammengewickelt die Locke ergab. Man kann diese 4 charakteristischen Bewegungen, welche sich in der Technik der Maschinenkrempelei wiederholen, in gedrängter Kürze so bezeichnen (wobei rückgehend soviel bedeutet, als gegen die Richtung, nach der die Zähne der beweglichen Kratze weisen): a) Gleichgerichtet rückgehend, b) entgegengesetzt gerichtet vorgehend, c) entgegengesetzt gerichtet rückgehend, d) gleichgerichtet vorgehend, und findet die gleichen Bewegungen unschwer in der Baumwollkrempel wieder, die als ersterfundene Krempelmaschine noch heute die einfachere Konstruktion beibehalten hat: a) Arbeit zwischen Entree und Tambour, Ausbreitung des Spinnmaterials im Tambour, b) Arbeit zwischen Tambour und Decke, Streckung der vorstehenden Fasern in dem Tambourbeschlag, c) Arbeit des Volants gegen den Tambour, d) Arbeit des Peigneurs und Hackers. Die eigentliche Krempelarbeit, der wichtigste Theil der Arbeit, ist die von der zweiten Bewegung geleistete. Gerade diese hat die Wollkrempel wesentlich umgestaltet, indem sie die Decke der Baumwollkrempel verwarf und an ihre Stelle Arbeiter und Wender setzte. Warum es geschah und weshalb die Deckenkrempel für Wolle nicht anwendbar ist, erklärt sich theils durch die grössere Länge des Wollhaars, wesentlich aber durch seine Neigung zur Kräuselung. Wolle würde an den ruhenden Zähnen der Decken hängen bleiben und unnöthig zerrissen werden, eine Gefahr, die bei der Handkrempel nicht bestand, weil die langsamere Arbeit auch vom Auge des Arbeiters kontrollirt war. Auch würde die beabsichtigte Streck- und Kämmwirkung bei Wolle durch die koncentrisch sich um den Tambour legende Decke eben wegen der Kräuselung nicht erreicht worden sein. Deshalb wurde die Decke durch den Arbeiter ersetzt, der bei seiner langsamen Bewegung beinahe als stillstehend gegen den Tambour zu betrachten ist und demselben nur auf einem schmalen Raume mit wenigen Zahnreihen gegenübersteht. Die Anbringung des Arbeiters aber machte auch den Wender nothwendig, der „gleichgerichtet vorgehend" den Arbeiter von der Wolle befreit und durch den ebenfalls „gleichgerichtet vorgehenden", ihn überholenden Tambour wieder von seiner Wolle befreit wird. Diese Einrichtung an Stelle der Decke der Baumwollkrempel ist äusserst sinnreich erfunden und dient ihrem Zweck so vorzüglich, dass sie kaum zu verbessern ist.

Nach dieser Darstellung der Entstehung der Krempel aus der Handkratze kommt der Praktiker an die Reihe, der die Krempel als ein zu verhältnissmässiger Vollkommenheit entwickeltes, in ihren wesentlichen Theilen den Lesern bekanntes Ganzes nimmt und die beste Art erläutert, wie mit diesem werthvollen Instrument zu arbeiten ist:

Sobald eine Krempel in Dienst gestellt ist, wird die Wolle auf den Tisch ganz dünn vorgelegt. Starke Mengen sind zu vermeiden, um zum Vortheil der Arbeit die Maschine nicht in ihrer Thätigkeit zu überladen. Zu geringes Auflegen ist natürlich auch vom Uebel, weil die Maschine dann weniger leistet, als sie vermag. Das Innehalten der goldenen Mittelstrasse gilt auch hier als das Beste. Wird nach der einen oder andern Seite die Grenze überschritten, so machen sich die Folgen bald geltend, entweder durch schlechtes Gespinnst oder durch grossen Materialverlust, beides Uebelstände, die durch Maasshalten zu vermeiden sind. Das richtige Maass hat wohl jede Spinnerei, gewissermassen als das A B C ihrer Thätigkeit, für ihre besonderen Verhältnisse ermittelt und durch Bestimmungen niedergelegt, welches Quantum Wolle durch ein Sortiment Krempeln in einer bestimmten Arbeitszeit durchzuarbeiten ist.

Um hierfür eine Kontrolle zu haben, ist an jeder Krempel für den Arbeiter eine Waage angebracht, in welcher ein bestimmtes Quantum Material eingewogen und dann aufgepflückt wird. Diese Manipulation soll von einem gewandten Arbeiter ausgeführt werden, am besten von Frauen oder Mädchen, welche die erforderliche Fingerfertigkeit besitzen; denn ein unegales Auflegen der Wolle erzeugt naturgemäss auch ein ungleiches Wollvliess und schliesslich schlechtes Vorgespinnst oder Vorgarn. Die in vielen Spinnereien eingeführte Einrichtung, die Wolle durch einen mechanischen Vorlegeapparat vorzulegen und der Krempel zuzuführen, um die menschliche Hand zu ersetzen, hat sich vorzüglich bewährt und ist durchaus praktisch; denn abgesehen von der Ersparniss an Arbeitslohn, ist der Arbeiter niemals im Stande, diese Manipulation so vollkommen und regelmässig zu leisten wie diese Maschine. Mechanische Vorlegeapparate werden in der Sächsischen Maschinenfabrik in Chemnitz und von Célestin Martin in Verviers unter dem Namen selbstthätiger Speise-Apparat sehr einfach und praktisch gebaut und haben in Folge dessen auch eine schnelle Verbreitung in den Spinnereien gefunden.

Vom Tische aus wird die Wolle dann zwischen zwei übereinander liegenden eisernen Walzen (Entreewalzen), welche mit ganz starkem Kratzenband bewickelt sind, hindurch und der Vorreisswalze zugeführt.

Diese Walze von circa 30 cm Durchmesser ist ebenfalls mit starkem Messerstahldraht garnirt und macht ungefähr 50 Touren per Minute. Sie nimmt die Wolle, nachdem solche die Entreewalzen verlassen, zuerst auf, um sie dann dem Tambour zu übergeben. Diese Walze soll in der Richtung nach oben und nicht nach unten arbeiten, wie das noch in den meisten Streichgarnspinnereien geschieht; sie muss langsam gehen, damit das Abfallen der Wolle vermieden wird. Die Vorreisswalze, gut konstruirt und mit dem richtigen Beschlag versehen, befreit die Wolle von Schmutz, Lappen und sonstigen Unreinigkeiten. Sie überliefert alles ihr zugeführte Material dem Tambour und dieser wieder dem ersten Arbeiter. Von diesem wird es wiederum durch den ersten Wender abgenommen, der das vom Arbeiter erhaltene Material umwendet und auf's Neue an den Tambour abgiebt.

Diese Operation wiederholt sich in derselben Weise 3 bis 4 mal an der Krempel, bis das ganze im Beschlage des Tambours enthaltene Produkt der Wolle schliesslich vom Peigneur (Doffer) aufgenommen und zu einem Wollvliess gebildet wird. Um möglichst viel fertig zu machen und dabei doch ein schönes Garn zu erreichen, giebt man dem Peigneur möglichst grosse Streichflächen, also grossen Durchmesser.

Der Peigneur oder die Streichwalze ist somit weiter nichts als der letzte Arbeiter an einer Krempelmaschine; denn er bewegt sich in derselben Richtung wie jene und ist ebenso gestellt und mit demselben Beschlag versehen (unter Berücksichtigung des Materials auch zwei Nummern feiner) wie die Arbeiter.

Peigneur und Arbeiter haben, wie aus dem Vorstehenden hervorgeht, die Aufgabe, die Wolle zu öffnen, aufzulösen, zu streichen. Die Wender, in der entgegengesetzten Richtung wie die Arbeiter beschlagen, sind dagegen bestimmt, dem Arbeiter die Wolle wieder abzunehmen, sie zu wenden (daher ihr Name) und dann dem Tambour zurückzugeben. Zwischen den Kratzenzähnen des Tambour-Beschlages bildet sich somit ein florartiges Netz von Wollfasern, das durch das Eingreifen des Volants bis an die Spitzen des Beschlages gehoben wird, von wo es auf den sich im Verhältniss zum Tambour sehr langsam bewegenden Peigneur übergeht. Die Engländer nennen den letzteren Vorgang „condensiren“, verdichten, weil der Peigneur das Wollvliess in der That in sehr viel grösserer Verdichtung enthält als der Tambour, von dem er es entnimmt. Arbeiter und Peigneur verhalten sich in Bezug auf den so erheblich schneller bewegten Tambour fast wie stillstehend; denn während z. B. im Durchschnitt der Konstruktionen der Tambour-Umfang in einer Minute einen Weg von 300 m zurücklegt, legt der Arbeiter-Umfang nur 6 m, der Peigneur-Umfang nur 7 m zurück, die Wender zu gleicher Zeit 100 m, der Volant allerdings 400 m. Diese verschiedenen Umfangsgeschwindigkeiten der Hauptwalzen muss man sich zu besserem Verständniss des Krempelprocesses gegenwärtig halten. Die Entreewalzen fördern in der Minute etwa nur $^{1}/_{4}$ bis $^{1}/_{2}$ m. 25 cm Wolle vom Zuführungstisch werden also auf 31 400 cm Tambourfläche vertheilt und entsprechend verdünnt, um durch den Peigneur wiederum auf 700 cm verdichtet zu werden.

Der Grundgedanke dieses hier skizzirten Krempelprocesses, der sich in allen Konstruktionen wiederholt und, wie es scheint, kaum einer grundstürzenden Neuerung mehr fähig ist, wurde, wie im Eingang gezeigt, dem uralten Princip der Handkratzen entlehnt. Als neu dem alten Princip hinzugefügt kann nur der Volant gelten, der, wie früher gezeigt, abweichend von allen andern Walzen, die Wolle nicht aufnimmt und nicht durcharbeitet, sondern das Wollvliess an den Zähnen des Tambours nur lockert und glättet; doch ist auf die vorliegende Kapitel vorangesetzte Einleitung zu verweisen, dass der Aufgabe des Volants auch die Handkratze, nur in unvollkommener Art, gerecht wurde.

Das Produkt der ersten Krempel, das Wollvliess, wird ebenfalls gewogen und auf den Tisch der zweiten Krempel vorgelegt, worauf sich die Operation der ersten Krempel in dieser Krempel zum zweiten Male wiederholt. Dasselbe geschieht zum dritten und letzten Male auf der dritten oder Vorspinnkrempel, welche indessen kein Wollvliess mehr, sondern Vorgarn liefert.

Der gesammte Vorspinn- oder Krempelprocess schliesst also das Krempeln der Wolle, die Wollviessbildung und zuletzt die Theilung des Wollvliesses auf der Vorspinnkrempel zu einzelnen Vorgarnfäden ein. Diese drei Operationen stehen in inniger Verbindung mit einander. Sie können nur dann mit Erfolg durchgeführt werden, wenn die dafür vorhandenen Maschinen in allen Einzelheiten ordnungsmässig funktioniren.

Automatischer Aufwickelapparat. Aus dem vorangehenden Kapitel haben wir gesehen, wie die Wolle durch den Krempel-process zu einem sehr dünnen, zwischen den Spitzen des Tam-bourbeschlages hängenden Wollflor geformt wurde, der bei seinem Uebergang auf den viel langsamer sich drehenden Peig-neur eine gewisse, nicht unbeträchtliche Verdichtung erfuhr. Immerhin ist dieser Wollflor noch von sehr dünner, schleier-artiger Konsistenz und von geringem Zusammenhange. Die weitere Aufgabe der Krempel besteht darin, durch Ueberein-anderschichten einer grossen Anzahl von Lagen dieses Flors unter leichtem Druck eine zusammenhängende Watte, Pelz, zu formen. Die Methode, wie dies geschieht, hat in den 150 Jahren seit Bestehen der Krempel viele Wandlungen er-lebt. Die einfachste Art schien das Aufrollen auf einen hölzer-nen Cylinder von grösserem Durchmesser und von der Arbeits-breite der Krempel, die sogenannte Pelztrommel. Diese Methode ist lange in Gebrauch gewesen und ist es grösstentheils noch heute; doch hat sie ihre grossen Uebelstände. Es ist schwierig, den richtigen Augenblick stets gleichmässig zu er-fassen, wo der Pelz dick genug ist, um ihn alsdann, indem man ihn quer durchreisst und aufrollt, von der Pelztrommel zu ent-fernen. Bei einer breiten Krempel ($1\frac{1}{2}$ m) ist dies mit den Händen überhaupt nicht möglich. Da die Pelze der nächsten Krempel zur weiteren Verspinnung übergeben werden, so können durch beträchtliche Ungleichheiten zwischen den Pelzen grosse Ungleichheiten im Vorgarn und später im Garn entstehen. Auch ergiebt sich viel Handarbeit aus dem öfteren Entfernen und Wiedervorlegen der Pelze auf den Tisch der nächsten Krempel, da sie naturgemäss nicht länger gemacht werden können als der Umfang der Pelztrommel. Man hat diesen Mängeln auf verschiedene Weise abzuhelfen versucht, durch mechanische Zählung der Pelztrommelumdrehungen, durch automatische Pelzbrecher, die bei einem gewissen Gewicht des Pelzes das Zerreissen und Aufrollen selbstthätig besorgten, aber dabei den Pelz verzerrten und damit Ungleichheiten schufen. Man hat statt auf Pelztrommeln den Flor auf ein sehr langes, auf und ab über Walzen geleitetes Tuch gelegt und so besonders lange Pelze erzielt. Endlich hat man ganz von der Bildung von Pelzen abgesehen und den Flor hinter dem Peigneur in einem rotirenden Trichter zusammengefasst und daraus dicke Bänder ohne Ende geformt, die man statt des Pelzes auf den Tisch der nächsten Krempel quer oder diagonal vorlegte. Alle diese mehr oder weniger unvollkommenen Vorrichtungen sind durch eine englische Erfindung, den Blamire Feeder oder automatischen Aufwickelapparat, aus dem Felde geschlagen. Von diesem als der zur Zeit besten Lösung der besonderen Aufgabe handelt das Folgende.

Die Konstruktion dieses Apparates basirt auf dem Princip, die menschliche Hand bei der Bildung des Pelzes ganz entbehrlich zu machen und endlose, vollkommen gleichartige Watten zu formen, deren Länge nur in ihrer bequemen Transportfähigkeit eine Grenze findet. Die geniale Erfindung erscheint auf den ersten Blick etwas komplicirt; doch ist sie es bei näherem Eindringen nicht, und je länger man damit arbeitet, um so mehr muss man sich von der Ueberzeugung durchdringen, dass sich der Erfinder damit ein bleibendes Denkmal, besonders in der Kunstwollgarnspinnerei, errichtet hat.

Der in seinem ganzen Umfang zur höchsten Vollkommenheit ausgearbeitete Aufwickelapparat von Blamire funktionirt in nachstehender Weise.

Der Flor, welcher wie bei jeder andern Krempel vom Hacker abgenommen wird, wickelt sich nicht auf eine Vliesstrommel, sondern läuft in horizontaler Richtung auf einem endlosen Lattentisch hin und zwar fast ohne jede Spannung, welche man aber nach Maassgabe des verschiedenen Materials, und je nachdem dasselbe von kurzer oder langer Beschaffenheit, mittelst Wechselrädern reguliren kann. Leider wird von dieser Anordnung (Spannung und Nachlassen des Flors) nur selten Gebrauch gemacht. Die Ursache liegt zum grossen Theil entweder an

Unkenntniss oder Gedankenlosigkeit der Meister, welche oft in dem Glauben befangen sind, man könne Jahr aus Jahr ein mit demselben Wechsel arbeiten.

Dieser Lattentisch entspricht der Breite der Krempel und bewegt sich in der Längsrichtung derselben. Von diesem Tische aus wird nun das Wollvliess oder der Flor wieder auf einen andern endlosen Lattentisch gelegt, welcher genau dieselbe Breite hat als derjenige der Vorspinnkrempel, sich jedoch in einer andern Richtung, wie der erstere, nämlich im rechten Winkel dazu bewegt, eine Wendung, welche in der einfachsten Art eine Kreuzung des Flors herbeiführt.

Dieser endlose zweite Lattentisch bewegt sich auf einem einfachen eisernen Gestell, das auf Rädern geht und in einer eisernen Bahn hin- und herläuft. In diesem Gestell und auf dieser Bahn wird er mit derselben Geschwindigkeit, welche der Lattentisch darüber hat, in der Bewegungs-Richtung des letztern hin und her bewegt, während er gleichzeitig die schon erwähnte seitliche Bewegung und zwar diese ganz langsam ausführt. Durch diese zweifache Bewegung wird bewirkt, dass sich der vom obern Lattentisch geförderte Flor quer über den untern Lattentisch legt, wobei der Rand der zweiten Lage bei der Umkehr der Bewegung umsoviel hinter dem Rand der ersten zurückbleibt, als sich das untere Lattentuch inzwischen seitlich weiterbewegt hat. Der Rand der dritten Lage bleibt wiederum etwas zurück u. s. f., und es ist einleuchtend, dass auf diese Weise ein endloser Pelz entsteht, der in allen seinen Theilen gleich stark und von vollkommener Gleichmässigkeit ist.

An dem Ende des zweiten Lattentisches, das in der Richtung seiner Seitenbewegung liegt, befindet sich schliesslich eine Holzspule mit zwei eisernen Zapfen, die zwischen zwei gusseisernen Lagern laufen. Sie ist so lang wie die Krempel breit. Auf diese Holzspule rollt sich das so gewonnene Wollvliess mechanisch auf.

Dieser Apparat arbeitet vorzüglich und der Aufwickelprocess vollzieht sich dabei mit einer bewundernswerthen Präcision.

Das Entstehen von Ungleichheiten, wie solche bei einer Pelztrommel durch Zerren, Ziehen und Reissen der Wollfasser so leicht eintreten, ist hierbei vollständig ausgeschlossen. Sobald

sich der Pelz bis zu einer bestimmten Höhe aufgewickelt hat,
wird er gebrochen und von zwei geübten Leuten, welche die
nöthige Handfertigkeit besitzen, abgenommen.

Für kurze Wollen, Mungo, und sonstiges schwieriges Spinnmaterial, bei denen es meist darauf ankommt, so zu sagen aus
Nichts Etwas zu machen, also minderwerthiges Material zu verhältnissmässig gutem Garn zu spinnen, sind diese Blamire Feeder
unentbehrlich.

Der Apparat ist in der That so praktisch und sinnreich
konstruirt und seit seiner Existenz so vielfach durch die Hände

Fig. 27. Automatischer Auflegeapparat.

von Fachleuten gegangen, dass Verbesserungen und Neuerungen
an demselben nicht mehr zu erwarten sind.

Die vorstehende kleine Illustration ist eine perspektivische
Ansicht des Auflegeapparates. An dem mit *a* bezeichneten Punkte
wird der Flor vom Peigneur (Doffer) durch den Hacker abgelöst
und legt sich in der Längsrichtung der Krempel auf den Lattentisch nieder. Durch diese Anordnung zeigt sich der Flor in
ununterbrochenem Fluss offen und frei dem prüfenden Blick der
Fachmänner auf dem endlosen Lattentisch. Dieselbe bequeme
Kontrolle ist bei der Vliessbildung auf dem zweiten Lattentisch

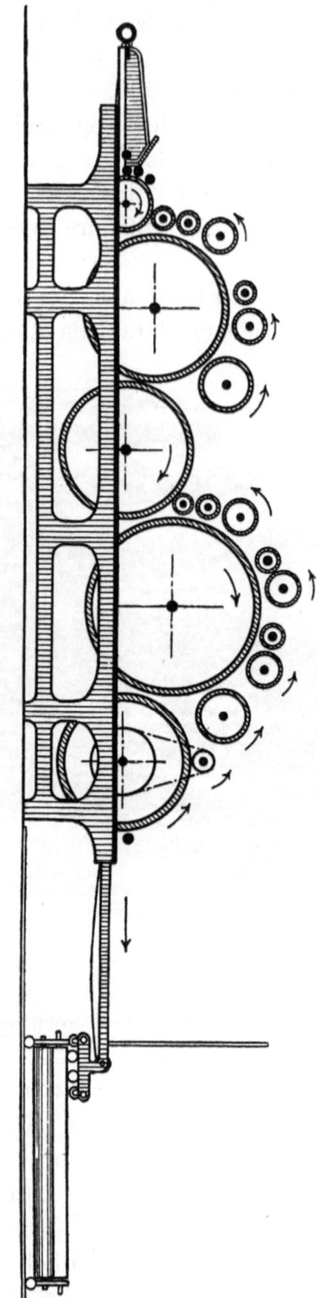

Fig. 29. Krempel mit Vortambour und Legeapparat speciell für kurzes und minderwerthiges Material.

Fig. 28. Vorspinnkrempel mit Wickelwalzen a b auf dem Einführungstisch.

geboten bis zu seiner in vollendeter Regelmässigkeit erfolgenden
Aufwickelung auf die Holzspule.

Wie sehr diese Einrichtung den praktischen Bedürfnissen
einer guten Spinnerei entspricht, wird durch die Thatsache be-
glaubigt, dass eine der grössten Spinnereien auf specielle Veranlassung des Verfassers sich entschlossen hat, den Apparat auch
für feinere Gespinnste der Streichgarnbranche einzuführen, während derselbe bis dato nur für Kunstwollgarnspinnereien ausschliesslich in Thätigkeit war, und darin ganz vorzügliche Dienste
geleistet hat. Zu wiederholen ist allerdings, dass die ganze
Vorzüglichkeit des Apparates gerade bei der Anwendung kurzen
Materials, wie Mungo, zu Tage tritt.

Zum bessern Verständniss ist in Figur 28 noch eine kleine
Skizze der Wickelwalzen a und b beigefügt, wie solche am Ein-
führungs- oder Lattentisch der Vorspinnkrempel vorgelegt werden.
Auch der Abwicklungsprocess vollzieht sich mit der grössten
Akkuratesse, eine Ungleichheit im Vorgespinnst ist somit gänz-
lich ausgeschlossen. Es ist eine Freude für den Spinnmeister,
die in hohem Grade zuverlässige Arbeit dieses automatischen
Apparates vor seinen Augen Revue passiren zu lassen.

Der Flortheiler.

Allgemeines. An die beste Art der Herstellung eines
tadellosen Wollvliesses oder Pelzes schliesst sich von selbst die
Darlegung, wie aus diesem Wollvliess schliesslich Vorgarn wird,
d. h. wie und durch welche Mittel der Wollflor der Vorspinnkrempel getheilt wird, um aus den so entstehenden Bändern
oder Streifen Vorgarn zu bilden. Blickt man auf die 150 jährige
Entwickelung der Krempel zurück und verfolgt die verschiedenen
Wege, welche die Konstrukteure eingeschlagen, bis zu dem „Flortheiler" genannten Apparat, dessen wir uns heute bedienen, so
darf man, wie von dem Blamire'schen selbstthätigen Aufleger
sagen, es ist eine Höhe erreicht, welche dem praktischen Spinner
nicht mehr viel zu wünschen übrig lässt. Vor der Erfindung
der Krempelmaschine wurde die auf dem Krempelross, wie
oben geschildert, erzeugte Locke allmählich auf dem Spinnrade
gestreckt und verfeinert. Als man dann gleichzeitig das Krempeln und das Spinnen maschinell besorgte, hielt man anfänglich

an der Locke fest, beschlug den Peigneur (der von Richard Arkwright 1772 zuerst angewandt wurde) mit Blattkratzen und kämmte aus jedem Blatt eine Locke, die so lang war als der Peigneur breit. Diese einzelnen Locken wurden dann durch eine besondere Maschine zu einem zusammenhängenden Bande vereinigt. Drei Jahre später schon beschlug man den Peigneur mit Bandkratzen über seine ganze Oberfläche und zog den Flor, zu einem einzigen dicken Bande zusammengefasst, aus der Maschine. Dies Band wurde dann auf der von Arkwright erfundenen Strecke solange ausgezogen und verfeinert, bis es schwach genug war, um nun gesponnen zu werden. Dieser umständliche Hergang, der aus bestimmten Gründen u. A. in der Baumwollspinnerei beibehalten worden ist und wohl auch beibehalten werden wird, erfuhr bedeutend später für die Wollspinnerei eine wesentliche Vereinfachung durch die Erfindung der sogenannten Continue. Welche Männer sich in die Ehre der verschiedenen Erfindungen bei Anpassung der Maschinenkrempelei an die Wolle theilen, steht nicht ganz fest. Drei auf belgischem und französischem Boden an der Wende des Jahrhunderts thätige Engländer, Garnett, Douglas und Cockerill, gelten als diejenigen, welche die Principien der Baumwollkrempelei durch Maschinen auf die Wollspinnerei übertragen und Arbeiter und Wender erfunden haben. Die Vorspinnkrempel gestalteten sie zu einer, einzelne Locken als Vorgespinnst liefernden Maschine aus; der weitere Fortschritt, die Theilung des Peigneurs in 2 Walzen, blieb jedoch dem Genie eines Richard Hartmann vorbehalten. Jeder dieser Peigneure war ringförmig mit Kratzen besetzt, die Ringe des unteren Peigneurs passten in die Zwischenräume des oberen. Jeder Ring füllte sich aus dem Tambour mit Wolle und entliess solche mit Hilfe des Hackers als ein dünnes, zusammenhängendes Florband, das durch Nudelleder zu Vorgarn leicht zusammengedreht — genudelt — und in diesem Zustande auf hölzerne Spulen aufgewunden wurde. Die Einrichtung war unvollkommen und sehr verbesserungsbedürftig; mangels dieses Bessern hielt sie sich aber lange Zeit und ist heute noch für manche Zwecke in unausgesetzter Anwendung. Die oberen Bänder wurden meist etwas stärker als die unteren. So genau man auch die Ringe formte, ja selbst dann, wenn man an den Ringen des oberen Peigneurs

eine oder mehrere Zahnreihen auszog, die oberen Ringe als die
zuerst angreifenden entzogen dem Tambour meist etwas mehr
Wolle, als ihnen zukam und schwächten damit die Bänder des
unteren. Ein Fortschritt war es, als man mit dem Zweipeigneur-
System brach und den einen grösseren Peigneur mit soviel
eng aneinanderliegenden Ringen beschlug, als man Faden
haben wollte. Damit im Tambour, den Zwischenräumen gegenüber, keine Wolle zurückblieb, liess man die Walzen changiren.
Doch auch diese Einrichtung konnte dem praktischen Spinner
nicht vollständig genügen, schon wegen der grossen Kostspielig-
keit des Peigneurbeschlages und wegen der Schwierigkeit der
ganz gleichmässigen Herstellung und Behandlung, endlich aber
der sehr geringen Leistungsfähigkeit wegen; denn durch diese
vielen Zwischenräume ging eine ganz bedeutende Arbeitsbreite
der Maschine verloren. Es stellte sich immer mehr heraus, dass
gerade die Continue der schwächste und verbesserungsbedürf-
tigste Theil der inzwischen allseitig verbesserten Krempel war.
In dieser Lage erschien es wie eine befreiende That, als in
seinem 1860 genommenen Patent Schellenberg in Chemnitz die
Forderung aufstellte, dass der Flor der Vorspinnkrempel von
dem auf seiner ganzen Oberfläche mit Kratzen beschlagenen
Peigneur in voller Breite abzuziehen und erst hiernach in Streifen
zu theilen sei. Schellenberg wollte diese Theilung bewirken,
indem er den Flor auf einen Schneideapparat, der in gleichem
Abstand von einander mit scheibenförmigen Messern besetzt war,
niederdrückte. Diese Ausführung erwies sich leider als unpraktisch; aber der Gedanke hatte gezündet und sollte bald wirklich praktische Gestalt durch das Genie eines Ernst Gessner
in Aue und Célestin Martin in Verviers annehmen. Verfasser
zögert nicht, namentlich die Erfindung des an zweiter Stelle genannten belgischen Ingenieurs als den Höhen- und Glanzpunkt
in der Entwickelung des Krempelprocesses zu bezeichnen. Ja mehr als das, diese Erfindung hat eine vollständige Revolution in der Spinnerei hervorgerufen nicht blos
nach der Seite der Güte, sondern vor Allem nach der Seite
der Menge des Produkts. Vorher war man mehr oder weniger
gebunden gewesen an die Breite der Florstreifen und damit an
die Stärke des Vorgarns. Die neue Einrichtung giebt eine sehr
gesteigerte Bewegungsfreiheit in dieser Richtung. Jetzt ist es

möglich, die Wolle ohne Rücksicht auf ihre Beschaffenheit, also fast jedes Material, in eine beliebige Anzahl Streifen, Faden, zu theilen. Dies Werk trägt den Stempel höchster Vollendung. Verfasser glaubt, rechtzeitig die ganze epochemachende Bedeutung der Erfindung erkannt und seine Fachgenossen immer und immer wieder darauf aufmerksam gemacht zu haben, als sie noch tastend und zögernd vorgingen. Als technischer Mitarbeiter des „Deutschen Wollen-Gewerbes" und des „Centralblattes für die Textil-Industrie" hat er schon vor Jahren ausführlich und instruktiv auf die grossen Vortheile und die kolossale Leistungsfähigkeit dieser Mechanismen hingewiesen. An dieser Stelle hält er es für geboten, den gegenwärtigen Entwickelungszustand eingehend zu besprechen.

Von allen Flortheil-Mechanismen sind der Riemchenflortheiler und der Stahlbandflortheiler diejenigen Systeme, welche sich bis heut am besten bewährt und in Folge dessen sich schnell Eingang in den Spinnereien verschafft haben. Beide Konstruktionen beruhen auf demselben Prinzip, nur in der Ausführung weichen sie ganz wesentlich von einander ab. Während bei dem ersteren der Flor durch Riemen, wird bei dem letzteren derselbe durch Stahlplättchen getheilt.

Der grossen Wichtigkeit halber und zum besseren Verständniss werden nachstehend beide Systeme getrennt von einander behandelt und ihre Wirkungsweise bis in die kleinsten Einzelheiten beschrieben werden und zwar unter Berücksichtigung der Frage, für welches Spinnmaterial sich das eine oder andere System am besten qualificirt.

Der Riemchenflortheiler. Während die erste Anregung zu dem Gedanken, das Wollvliess auf der Vorspinnkrempel (Continue) in eine beliebige Anzahl Streifen (Faden) zu theilen, wie oben erwähnt, in Sachsen gegeben wurde und dann sich weiter entwickelte, erblickte der heute zu einer so grossen Bedeutung gelangte beste Flortheiler in belgischen Spinnereien zuerst das Licht der Welt. Dort erkannte man sofort die Wichtigkeit und ausserordentliche Tragweite dieser Erfindung.

Während der Deutsche sich im Anfange skeptisch und vorsichtig der Neuerung gegenüber verhielt, ging der belgische Spinner mit aller Energie in's Zeug und suchte ihre Leistungsfähigkeit nach allen Seiten auszubeuten. In der That haben

die Belgier wenigstens im Anfange uns gegenüber einen grossen
Vorsprung erreicht. Auch die sächsischen Spinner wissen davon
zu erzählen, da sie sich zu jener Zeit (1874) noch nicht ent-
schliessen konnten, der belgischen Spinnerei die Spitze zu bieten
und Terrain verloren, was sie besassen. So bezieht denn heute
noch England seine billigen und feinen Streichgarne aus Verviers,
weil wir nicht im Stande waren, diesen Specialartikel zu so

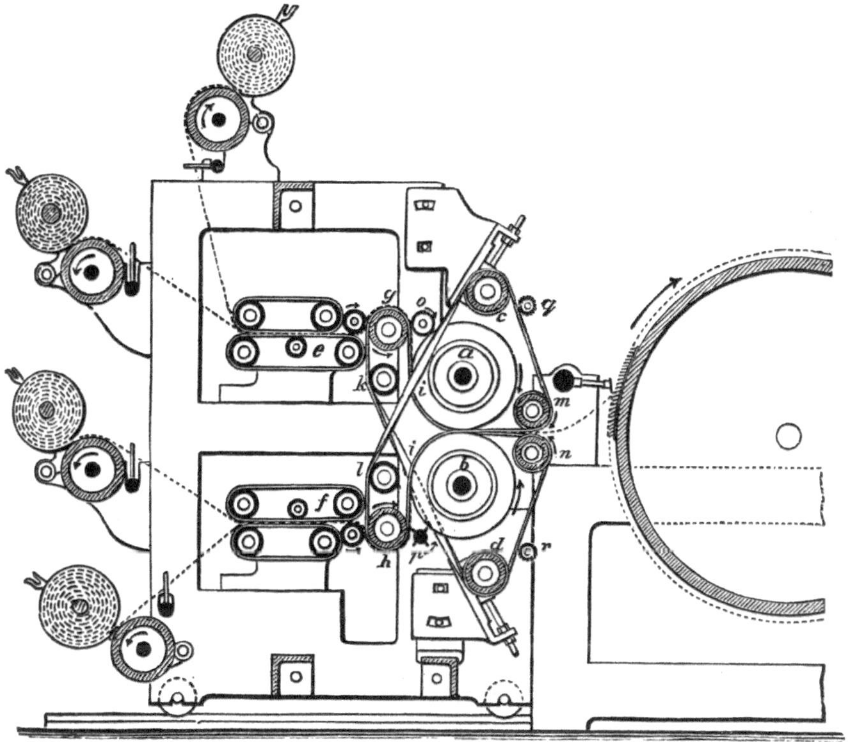

Fig. 30. Riemchenflortheiler.

billigen Preisen herzustellen. Hierzu trägt allerdings wesentlich
die grosse Wollwäscherei von Verviers und die Verarbeitung
von billigen Ploquettes, Entklettungseinrichtungen u. s. w. bei,
Einrichtungen, die wir zwar heute auch besitzen, aber uns
doch erst ganz allmählich beschafft haben. Das Princip der
Fadentheilung ist bei dem Riemchenflortheiler genau dasselbe
wie beim Stahlbandflortheiler. Der Unterschied zwischen beiden
besteht darin, die Fäden dort mittelst eines oder mehrerer

Riemen, dagegen hier durch Stahlplättchen zu theilen. Was die Konstruktion der Riemchenflortheiler anbetrifft, so hat man diese in den letzten Jahren dahin vereinfacht, dass man behufs Theilung des Flors in eine gewisse Anzahl Fäden nur einen einzigen Riemen benutzt, während früher mehrere einzelne Riemchen demselben Zwecke dienten. Welche von beiden Einrichtungen die einfachere und bessere ist, darüber gehen heut noch die Meinungen in Fachkreisen auseinander. Nach meiner Ansicht ist es eine reine Geschmacksache, ob der Flor durch einen einzigen oder durch mehrere einzelne Riemchen getheilt wird, im Grunde genommen ist das eine System so gut als das andere. Wenn die einzelnen Riemchen aus gutem Leder gleichmässig hergestellt sind und die erforderliche egale Spannung besitzen, im Uebrigen sauber und rein gehalten und gut behandelt werden, dann kann man viele Jahre damit arbeiten.

Zum besseren Verständniss über die Wirkungsweise der einzelnen Riemchen diene Folgendes: Das mittelst Kamm vom Peigneur in ganzer Breite abgenommene Wollvliess wird den beiden übereinander angebrachten Theilungscylindern zugeführt und hier durch die Riemchen, welche abwechselnd von oben nach unten und umgekehrt über diese Theilungscylinder laufen, in eine bestimmte Anzahl Fäden getheilt.

Alsdann werden diese Streifen durch die Riemchen wie mit den Händen direkt an das Nudelzeug, sage an die Nudelhosen geführt und durch diese zu einem runden Vorgarnfaden genudelt. Die Gleichmässigkeit dieser einzelnen Streifen hängt wesentlich von derjenigen der Riemchen ab, sowie von der Spannung der letzteren durch die zu diesem Zweck angebrachten Spannrollen. Bei dem anderen System, wo die Theilung des Flors nur durch einen einzigen Riemen geschieht, werden Ungleichheiten im Vorgarn und später auf der Spinnmaschine jedenfalls mehr ausgeglichen, und zwar aus dem Grunde, weil alle Stellen des einen Riemens nach und nach alle Theilungspunkte durchlaufen. Es vertheilen sich somit die Folgen etwaiger Ungleichheiten im Riemen auf alle Fäden ganz egal, was bei den einzelnen vielen Riemchen nicht der Fall ist. Dabei ist nicht unerwähnt zu lassen, dass das Leder, welches zu diesen Theilungsriemchen benutzt wird, ganz besonders dem Zwecke entsprechen und präparirt sein muss. Die Riemchen

müssen ferner beim Reinigen sehr vorsichtig behandelt werden;
die Erhaltung ganz gleichmässiger Spannung ist eine Hauptsache. Im Uebrigen neigt Verfasser zu der Ansicht, dass bei
dem Ein-Riemen-System die Gesammtspannung auch nicht immer
egal wirkt, denn in der Mitte muss sie naturgemäss, wenn auch
unbedeutend, etwas grösser sein als an den Seiten. Indessen
kann nicht behauptet werden, dass dadurch sich irgendwelche
Nachtheile im Vorgarn gezeigt hätten. Die Differenzen im Vorgarn, ob man nun einen oder mehrere Riemchen anwendet,
sind in jedem Fall vorhanden, so dass jeder Spinner nach seiner
subjektiven Auffassung auf die eine oder die andere Art arbeiten
kann. Derjenige, welcher eine Continue mit einem einzigen
Riemen hat, wird nicht besser oder schlechter damit fahren als
derjenige, welcher mit mehreren Riemen arbeitet.

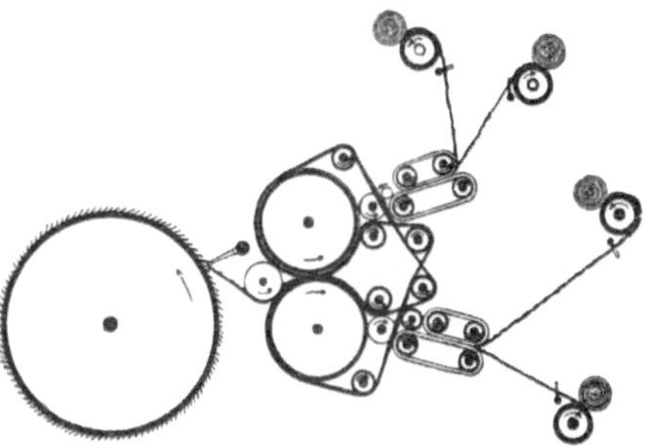

Fig. 31. Theilung des Flors durch Riemen.

Ueber das Aufziehen und Einziehen neuer Riemchen
ist noch Folgendes zu bemerken. Nachdem sämmtliche Thei-
lungswalzen sauber gereinigt sind, wird die Wasserwaage über
dieselben gestellt, damit man sich die Gewissheit verschaffe, ob
alle Walzen horizontal liegen. Die beiden Spannwalzen, welche
dazu dienen, die Riemchen auf ihre Dehnbarkeit zu reguliren,
werden oben und unten eingestellt (oder nachgelassen, was dasselbe ist), um sie später bei Bedarf mit Bequemlichkeit anzu-
stellen, im Fall die Riemchen zu lang werden.

Es ist nicht nothwendig, dass die Riemchen ganz straff
gehen; Hauptsache ist, dass sie egal in ihren Kanälen laufen,
um den Theilungsprocess richtig zu vollziehen. Eine ganz gleichmässige Spannung an beiden Seiten ist Bedingung, sollen die
Riemchen gut laufen. Auch diese beiden Spannrollen müssen

7*

gleich den grossen eisernen Theilungscylindern genau in der Waage liegen. Die Forderung, dass die Riemchen genau in den für sie bestimmten Kanälen des Theilungscylinders laufen, besagt, sie dürfen weder breiter noch schmäler sein als diese, worauf bei Bestellung der Riemchen die peinlichste Sorgfalt zu richten ist. Bevor die Continue in Dienst gestellt wird, lasse man dieselbe eine Zeit lang leer, ohne Wolle, laufen. Wenn alle einzelnen Walzen in der Waage liegen, werden auch die Riemchen gut funktioniren und aus ihren Bahnen nicht austreten, wie man das leider sehr oft findet.

Von wesentlicher Bedeutung und in innigem Zusammenhang mit dem eben Gesagten ist die Anfertigung der Nudelhose, welche dazu dient, dem Vorgespinnst eine feste Gestalt zu geben. Man darf es offen sagen, vor 20 Jahren gab es vielleicht nur wenige Fabriken, die es verstanden, eine gute

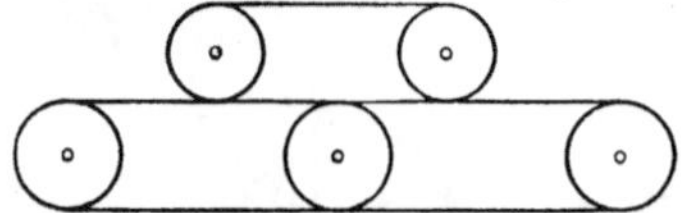

Fig. 32. Einfache, schmale und breite Nudelhose.

Nudelhose anzufertigen. Heute allerdings werden sie in den meisten Fabriken, welche sich speciell damit beschäftigen und die Einrichtung dazu haben, ganz vorzüglich und allen Ansprüchen genügend hergestellt, wenn nicht etwa bei der Bestellung schon falsche oder irrthümliche Angaben gemacht worden sind.

Das hierzu verwendete Leder muss weich und gut präparirt sein. Die Leimstellen, also diejenigen Punkte, wo die beiden Enden zusammengehen, dürfen nicht steif sein, damit beim Arbeiten keine harte blanke Stelle im Leder vorkommt, welche nicht gut nudelt. Eine gut gehende Nudelhose ist von grosser Bedeutung in der Spinnerei und für die Herstellung eines guten und egalen Vorgespinnstes unentbehrlich, gleichviel ob Riemchen-, Stahlband-, Ein- oder Zweipeigneur-System in Anwendung kommt. Auch die Nudelwalzen müssen genau in der Waage liegen und so zusammengestellt werden, dass man mit einem Stellblech bequem zwischen ihnen durchfahren kann.

Was die Leistungsfähigkeit des Flortheilers anbetrifft, so ist es Sache des denkenden Spinnmeisters, diese nach

Maassgabe des zu verarbeitenden Materials und des daraus zu spinnenden Garns gehörig und nach besten Kräften auszunutzen. Nachstehend einige darauf bezüglichen Anhaltspunkte:

Während früher der Peigneur einer Continue mit Ringen beschlagen, zwischen denen je nach Anzahl der Faden ein bedingter Zwischenraum übrig blieb, beschlägt man heute denselben wie jeden andern Peigneur und gewinnt damit die ganze Produktion der Vorspinnmaschine, nutzt sie somit vollständig aus, gewiss schon an und für sich ein grosser Vortheil der Einführung des Flortheilers in die Spinnerei.

Um nun aber für den Flortheiler ein tadelloses Wollvliess zu bereiten, muss auch die Garnitur des Vorrichtungs-Peigneurs entsprechend gut angefertigt werden. Zu diesem Zweck verwendet man meistentheils Stahlbandkratzen und zwar in der Regel 2 Nummern feiner als der Kratzenbeschlag eines Continue-Tambours (Patentband, Kolonnenstich). Dieses Band ist ganz dazu geeignet, die Wollfaser vollständig aus dem Tambour aufzunehmen; es ist so konstruirt, dass man nach dem Aufziehen desselben mit unbewaffneten Augen kaum im Stande ist, diejenigen Stellen zu sehen, wo es zusammengefügt ist, vorausgesetzt, dass das Aufziehen des Peigneurbandes von sachverständiger Hand ausgeführt ist. Das Band eines Flortheilers darf keine schadhaften Stellen enthalten, auch keine Lücken im Beschlag, entstanden durch Ausspringen der Zähne beim Schleifen. Jede schadhafte Stelle im Peigneur markirt sich durch unegales Vorgespinnst, Spitzen und Blasen u. s. w. Dieser Peigneur muss also vorzugsweise einen tadellosen Beschlag haben, und es sollten bei Anschaffung eines solchen dem Spinnmeister keine Schranken gezogen werden; denn Sparsamkeit wäre hier am falschen Orte und könnte unter Umständen theuer zu stehen kommen.

Um nun eine möglichst grosse Produktion auf dem Flortheiler zu erreichen, ist es die Aufgabe des Spinners, nicht nur recht viel Vorgarn, sondern verhältnissmässig viel fertig gesponnenes Garn zu liefern, was doch die Hauptsache ist; denn es hat keinen Zweck, wenn die Vorgarnwalzen in grossen Mengen vorräthig herumliegen. Es ist also darauf Bedacht zu nehmen, dass auch die genügende Anzahl Spindeln vorhanden ist. Auf das richtige Verhältniss wird zurückzukommen sein.

Zunächst ist also bei der Massenbedürftigkeit des Flortheilers an Pelzen dafür Sorge zu tragen, dass diese auch immer in genügender Anzahl vorhanden sind, gleichviel ob Riemchen- oder Stahlbandflortheiler in Anwendung kommen. Dabei ist noch besonders hervorzuheben, dass es sich nicht nur um viel, sondern auch um gutes tadelloses Vorgarn handelt. Um diesen Zweck zu erreichen, müssen dem Flortheiler 2 Reisskrempeln und 2 Feinkrempeln zur Verfügung stehen, welche dazu bestimmt sind, die erforderlichen Pelze für die Continue heranzuschaffen, ohne die Krempeln dabei mit Material zu überladen, was hervorgehoben zu werden verdient.

Auf Grund dieser Anordnung hat ein Sortiment Maschinen bei rationeller Handhabung aus 5 Krempeln, nämlich einem Flortheiler (Vorspinnmaschine), 2 Feinkrempeln und 2 Reisskrempeln zu bestehen, alle von derselben Arbeitsbreite, während in den meisten Spinnereien ein Sortiment nur aus 3 Krempeln besteht. Auf solche Art ist Vorsorge getroffen, dass immer genügend Pelze für den Flortheiler vorhanden sind. Eher wird sich dann zeigen, dass der Flortheiler ausser Stande ist, diese in den Mengen zu verarbeiten, wie sie von den beiden Feinkrempeln geliefert werden. In jedem Fall ist für unausgesetzte Arbeit des Flortheilers gesorgt. Allerdings kommt es dabei sehr darauf an, ob das Material zu feinen oder starken Gespinnsten verarbeitet wird; denn die ersteren verarbeiten weniger und die letzteren mehr Pelze. Aber es hat sein Gutes und ist von grossem Werth, wenn die Krempeln beim Arbeiten nicht mit Wolle überfüttert sind und doch einige Pelze vorräthig liegen. In diesem Falle kann die Feinkrempel oder auch die Reisskrempel mit Ruhe und der nöthigen Sorgfalt gereinigt, nachgesehen und gestellt werden, ohne dabei Gefahr zu laufen, dass die Vorspinnkrempel (Flortheiler) wegen Mangels an Pelzen ausser Thätigkeit gesetzt werden muss. Diese Eventualität würde aber eintreten, wenn nur eine Feinkrempel vorhanden wäre; die Continue käme dann öfter zum Stillstand, wie es leider in vielen Spinnereien der Fall ist. Regel rationeller Wirthschaft ist: Der Flortheiler muss während der ganzen Arbeitszeit ununterbrochen im Betriebe bleiben, er soll und darf keine Minute stehen bleiben; nur dann wird seine Leistungsfähigkeit voll und ganz ausgenutzt.

Es empfiehlt sich daher, behufs noch grösserer Ausnutzung

den Flortheiler während der Mittagstunde oder nach Feierabend zu putzen, damit derselbe in dem Augenblicke, wo die Arbeitszeit beginnt, auch zuerst und sofort wieder in Thätigkeit gesetzt wird.

Während der Flortheiler gereinigt und geputzt wird, sollen auch alle einzelnen sich bewegenden Theile an demselben einer genauen Kontrolle unterworfen werden, wozu auch die Riemen, Ketten, Biesen u. s. w. gehören, damit im Gange weder eine Störung, noch irgend welcher Stillstand eintritt.

Dagegen können, wie gesagt, bei 4 Pelzmaschinen diese alsdann mit der grössten Ruhe während der Arbeitszeit geputzt werden. Das ist ohne Frage ein grosser Vortheil, dessen man verlustig geht, wenn der Satz Krempeln nur aus 3 Maschinen besteht. Uebrigens ist man bei 4 Krempeln zu einem Flortheiler auch in der Lage, die Wolle ganz dünn ausgestreut aufzulegen, ein Umstand, der sehr viel dazu beiträgt, die Kratze zu schonen. Dieselbe arbeitet zwar weniger Wolle durch; aber der Zweck der Ausnutzung des Flortheilers ist erreicht.

Zu wiederholen ist also: dem Flortheiler müssen unter allen Umständen die genügende Anzahl Wollvliesse zur Verfügung stehen, soll seine Kraft und seine Leistung rationell ausgenutzt werden, und dies kann nur geschehen, wenn zu seiner Bedienung 2 Reiss- und 2 Feinkrempeln vorhanden sind. — Aber es existiren in der Technik noch andere Hülfsmittel für den Spinner als die eben angegebenen, um die Produktion des Flortheilers zu erhöhen, und es ist jenem unbenommen, jederzeit beliebig davon Gebrauch zu machen. Dahin gehören z. B. die grössere Anzahl von Umdrehungen der Krempel, die je nach Bedarf auf 120 — 150 Touren pro Minute, ganz besonders für Streichgarne und Vigogne-Garne, gesteigert werden kann. Andrerseits kann durch verständnissvollen Gebrauch der Wechselräder die Produktion ganz bedeutend gehoben werden, wovon später noch die Rede sein wird.

Was die Umdrehungen der Krempel anbetrifft, so haben auch diese ihre Grenzen und es ist nicht gesagt, dass der Satz, der 150 Touren pro Minute macht, im Durchschnitt stets ein grösseres Quantum liefert als ein solcher mit 120 Touren. Im Gegentheil kann in der gleichen Arbeitszeit auf einem Satz, welcher etwas langsamer gestellt ist, unter Umständen mehr geliefert werden als auf einem solchen, der vielleicht 10—15 Touren mehr Umdrehungen macht.

So haben z. B. die englischen Krempeln, auf Grund ihrer eigenthümlichen Konstruktion bei 65—75 Umdrehungen pro Minute eine verhältnissmässig ganz bedeutende Produktion. Ohne Frage spielen das Material und die daraus hergestellten Garne eine Hauptrolle dabei; denn je feiner das Garn auszuspinnen, desto weniger wird fertig und umgekehrt, je stärker dasselbe, desto grösser ist die quantitative Leistung des Flortheilers.

Keineswegs kann die Tourenzahl einer Maschine und damit ihre Leistungsfähigkeit bis in's Unendliche gesteigert werden. Bei Verarbeitung von groben, offnen und langen Materialien, ebenso von Kunstwollen, die zum Theil den Spinnprocess schon einmal durchgemacht haben, ist eine zu schnelle Gangart nicht angebracht, während man bei feinen Wollen, die sich viel schwerer arbeiten, die Umdrehungen bis auf 120—150 Touren erhöhen kann. Das schädliche Auswerfen von Flugwolle wird auch ganz besonders durch eine zu schnelle Gangart der Krempel veranlasst. Im Weiteren zeigen sich üble Folgen durch die Eigenthümlichkeit des Volants, welcher bei zu schnellem Gang die Wolle nach der Mitte zu wirft, wodurch dann wieder starkes und unegales Vorgespinnst entsteht, alles Uebelstände, welche durch eine zu schnelle Gangart der Krempel hervorgerufen werden.

Das Facit dieser Auseinandersetzungen ist, die Umdrehungen der Maschinen nach Maassgabe des zu verarbeitenden Materials zu reguliren, und es ist Sache des Technikers auch auf diesen Umstand bei Ingangbringung des Flortheilers ganz besonders Rücksicht zu nehmen.

Es wurde oben schon auf ein ferneres Mittel, die Produktion der Krempel im Allgemeinen und des Flortheilers im Besonderen zu steigern, hingewiesen, auf die sachgemässe Anwendung der verschiedenen Wechsel- und Transmissionsräder zum Flortheiler, welche seitens der Maschinenfabriken zu diesem Zweck in bedeutender Anzahl angefertigt und mitgeliefert werden. Diese Wechsel sind in aufsteigender Linie nach Nummern geordnet und haben den Zweck, die Geschwindigkeit des Peigneurs, also dessen Umdrehungen zu reguliren. Sie müssen an einer Tafel leicht sichtbar aufgesteckt und schnell zur Hand sein, wenn sie gebraucht werden. Leider findet man solche aber vielfach gar nicht mehr vor; sie sind zu etwas anderm verbraucht oder in's alte Eisen geworfen worden.

Die Leistungsfähigkeit eines Flortheilers, dessen Mechanismus in direktem Zusammenhange mit diesen Wechselrädern steht, wird mittelst derselben gesteigert, wenn man dem Peigneur mehr Umdrehungen giebt, immer mit gehöriger Rücksicht auf die Beschaffenheit des Materials.

In Folge dieser Mehr-Umdrehungen wickelt sich auch das Vorgarn schneller auf, das Facit ist ein grösseres Quantum Garn.

Die Nudelei, welche unabhängig vom Theilapparat arbeitet, muss alsdann den Umdrehungen des Peigneurs angepasst und vergrössert oder vermindert werden. So erfordert z. B. lange offne Wolle eine festere Nudelung und in Folge dessen schnellere Nudelbewegung als feines und kurzes Material. Behufs sorgfältiger Regulirung der Nudelei sind verschiedene Riemenscheiben zur Hand, um langsamere oder schnellere Gangart herzustellen. Man ist aber nicht im Stande, eine bestimmte Regel für die Handhabung der Wechsel aufzustellen; denn wie schon bemerkt, werden allzu verschiedene Specialitäten in den verschiedenen Spinnereien gearbeitet. Diese allein sind maassgebend für den richtigen Gebrauch der Wechselräder.

Schliesslich ist noch darauf aufmerksam zu machen, die Umdrehungen am Peigneur eines Flortheilers nicht zu weit zu steigern, da sonst spitziges und unegales, zum Theil blasiges Vorgarn zu Stande kommt. Es giebt Spinnereien, die Jahr aus Jahr ein ein und dasselbe Material und immer eine gleiche Garnstärke arbeiten, mithin in der Lage sind, das ganze Jahr hindurch mit einem und demselben Peigneurwechsel zu arbeiten.

Da nun aber die Grösse und Güte der Leistung allein für den finanziellen Erfolg der Spinnerei maassgebend ist, so muss, um die Produktion eines Flortheilers voll und ganz auszunutzen, auch die nöthige Anzahl Spindeln vorhanden sein, um auch das Vorgarn wegzuschaffen, welches der Flortheiler in einer bestimmten Arbeitszeit liefert; denn nur das fertig gesponnene Garn rechnet, nicht die Vorgarnwalzen sind maassgebend für die Leistung einer Spinnerei. Um diesen Zweck zu erreichen und möglichst viel zu schaffen, gehören zu einem Riemchenflortheiler von $1\frac{1}{2}$ m Arbeitsbreite cirka 600 Spindeln; die Continue konstruirt mit 4 Vorgarnspulen zu 20 guten Faden, macht zusammen 80 Faden.

Als Anhaltspunkt, auf welches Material sich diese Zahlen beziehen, diene, dass ein gewöhnliches 3 stückiges Shoddygarn (2000 m je $\frac{1}{2}$ Kilo laufend) gemeint ist, von welchem in 12 Stunden Arbeitszeit cirka 100 Kilo fertig werden.

Es soll an dieser Stelle noch erwähnt werden, dass es nicht förderlich für eine gute Spinnerei ist, wenn das Vorgarn längere Zeit auf Lager oder überhaupt in grossen Mengen vorräthig liegt. Es ist entschieden besser, wenn es gleich direkt vom Flortheiler, also frisch gebacken, auf den Selfactor eingelegt und versponnen wird.

Schon der Spinner hat eine sichrere, bessere und schnellere Kontrolle über die Beschaffenheit des Vorgarns; jeder Fehler, jede mangelhafte Fadenbildung wird beim Einlegen der einzelnen Vorgarnwalzen auf frischer That bemerkt und dem Spinnmeister Gelegenheit gegeben, diesen oder jenen Uebelstand sofort am Vorgarn abzustellen.

Wenn aber ganze Berge von Vorgarnwalzen aufgestapelt auf Lager da liegen, wie das leider in vielen Spinnereien Gebrauch ist, so dass man nicht mehr herausfinden kann, welche Walzen frisch und welche schon vor längerer Zeit angefertigt sind, dann ist von Kontrolle keine Rede mehr und beim Spinnen schwer herauszufinden, wo die entstandenen Fehler zu suchen sind.

Zu bemerken ist noch, dass die Nudelhosen und Riemchen sich selbstthätig reinigen und zwar dann, wenn die ersteren dicht an die letzteren eingestellt werden. Die Erfahrung hat indessen bewiesen, dass trotzdem die Schmutztheile sich immer wieder den Hosen und Riemchen mittheilen. Um das zu verhindern und die Riemchen vollständig rein zu halten, ist unterhalb des unteren Theilungscylinders eine Welle mit Bürste angebracht, welche durch ihre schnellen Umdrehungen die Riemchen immer sauber und rein erhält. Die Anzahl der Spindeln muss in richtigem Verhältniss zur Produktion des Flortheilers stehen und umgekehrt. Lieber kann der Spinner auf Vorgarn warten; denn damit ist der Beweis gegeben, dass dasselbe in tadelloser Arbeit auf dem Flortheiler hergestellt ist, was von grossem Werth ist, um viel und gut zu schaffen.

Aber die theuersten und besten Krempeln sind werthlos ohne eine tüchtige Leitung, die neuesten Verbesserungen an dem Flortheiler haben keinen durchschlagenden Erfolg ohne tüchtige und erprobte Bedienung. Mit kurzen Worten: Nicht die Kempel und der Flortheiler wird den Sieg allein erringen und wenn sie auch noch so gut konstruirt und mit allen Neuerungen versehen sind, sondern die Bedienung und der Mann, welcher sie rationell und mit Sachkenntniss zu behandeln versteht.

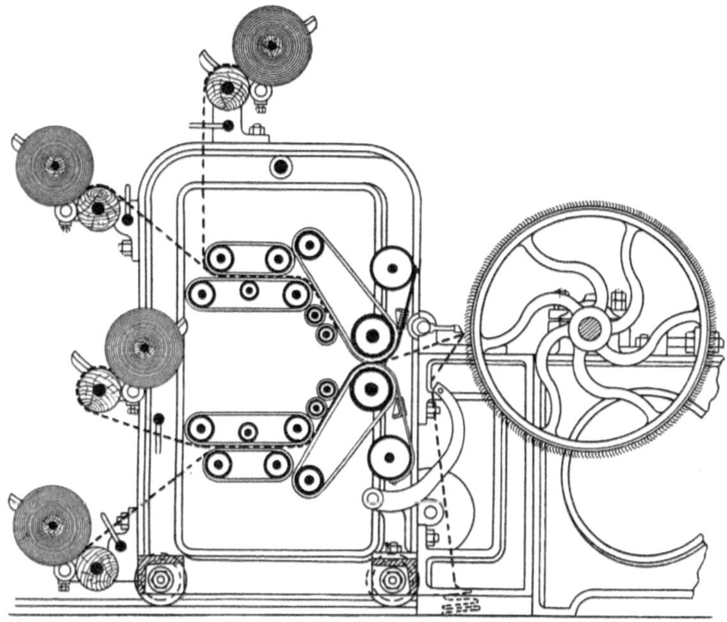

Fig. 33. Der Stahlbandflortheiler.

Der Stahlbandflortheiler. Während der im vorigen Kapitel behandelte Riemchenflortheiler kaum ein anderes Bedenken gegen seine Anwendbarkeit aufkommen lässt, als das in der Unsicherheit der Spannung des Riemchens oder der Riemchen begründete, stellt der Stahlbandflortheiler sich zur Aufgabe, auch diesem geringen Mangel abzuhelfen. In diesem Sinn ist das System Martin-Bolette als ein weiterer Fortschritt anzuerkennen und Zeugniss dafür ablegend, wie der menschliche Geist nicht müde wird, auch eine anscheinend vollkommene Vorrichtung zu einem immer höheren Grade der Vollkommenheit zu erheben.

In der That ist dieser Mechanismus in seiner praktischen Ausführung von bewundernswerther Einfachheit und staunenswerther Leistungsfähigkeit. Der Unterschied zwischen ihm und dem vorhin beschriebenen Riemchensystem besteht lediglich darin, dass der Flor bei diesem mittelst Lederriemchen, dagegen bei jenem durch Stahlplättchen getheilt wird.

Hier ist gleich zu bemerken, dass man auf einem Stahlbandflortheiler alles Material, mit Ausnahme von ganz groben Wollen, verspinnen kann. Kurzes feines Material, Mungo- und Shoddymischungen, arbeiten sich am besten auf dem Stahlbandflortheiler.

Lange und grobhaarige Angora- und Zakelwollen auf dem Flortheiler zu arbeiten, hat schon immer seine Schwierigkeiten gehabt, weil die lange Wollfaser von Natur spröde ist und bei der Theilung hart an den Kreuzungspunkten zieht und zerrt, wodurch Spitzen im Vorgarn entstehen.

Diese eben genannten langhaarigen Sorten Wolle eignen sich deshalb überhaupt nicht für Flortheiler und spinnen sich am besten auf dem bekannten Doppelpeigneur-System (Zweipeigneur oder Double Doffer), worüber im nächsten Kapitel noch Einiges zu sagen sein wird.

Ein ganz besonderer Vortheil des Stahlbandflortheilers besteht darin, dass man damit jederzeit feines und starkes Vorgespinnst herstellen kann, weil das Auswechseln der Winkeleisen, auf welchen die Stahlplättchen angeschraubt sind, sehr schnell von statten geht, nämlich nur einige Minuten dauert. Bei einem Riemchenflortheiler ist jene Anordnung mit mehr Unkosten verbunden. Es müssen ein anderer Theilungscylinder und auch andere Theilungs-Riemchen eingelegt werden was längeren Aufenthalt verursacht. Dagegen hat man hier beim Stahlbandflortheiler nur nöthig, die zwei Winkeleisen mit den betreffenden Stahlplättchen vorräthig zu halten, von denen das eine für feineres und das andere für stärkeres Vorgespinnst eingerichtet ist. Beim Putzen der Maschine wird alsdann das andere Winkeleisen an dieselbe Stelle angeschraubt wie das weggenommene, also in Thätigkeit gewesene. Nach Maassgabe der Fadenzahl werden darnach auch die Fadenführer gewechselt. Darin besteht die ganze Arbeit beim Wechseln von feinen zu starken Garnen und umgekehrt.

Wie aber alle neuen Einrichtungen zu wünschen übrig lassen, so hat auch diese ihre Schattenseiten. Verfasser kann es sich nicht versagen, auf einen kleinen Konstruktionsfehler aufmerksam zu machen, den zu beseitigen er gern helfen möchte, weil er sich seit Jahr und Tag an sämmtlichen Flortheilern sehr empfindlich bemerkbar macht. Dass dieser Fehler, obgleich erkannt, noch nicht abgestellt ist, dürfte ebenso Schuld des Spinners als des Konstrukteurs sein.

Es ist dies die Entfernung des Punktes, wo der Flor (Wollvliess) vom Hacker abgekämmt wird bis zum Punkt seiner Einführung am Nudelzeuge, also bis zu dem Punkte, wo der Flor getheilt wird. Diese Entfernung ist zu weit. Es hat in Folge dessen der Flor einen zu grossen Spielraum. Der Flortheiler muss so dicht als möglich an den Peigneur gebracht werden, und es darf die Entfernung vom Peigneur bis zur Einführung nicht mehr als 10 cm betragen, damit der Flor weder Beutel noch Falten bilden kann.

Ganz besonders ist diese Anordnung nothwendig für kurzes, mungoartiges Material, welches mitunter zu ganz feinen Garnen bestimmt ist. Bei längerem Material oder groben Gespinnsten macht es nichts aus, wenn die Entfernung grösser ist. Nun hat man allerdings, damit der Flor nicht zu viel Willen hat, innerhalb desselben eine 10 cm starke polirte Walze angebracht, die sich in derselben Richtung bewegt und auf welcher der Flor in der Mitte ruht. Die Anbringung dieser Walze ist aber überflüssig, wenn man den Flortheiler, wie oben gesagt, möglichst dicht an den Peigneur heranbringt. Um die Bewegung des Flors zu reguliren, damit er weder zu straff geht noch im entgegengesetzten Fall zu sehr im Bogen nach unten hängt, bedient man sich der verschiedenen Wechselräder, die in allen Nummern vorhanden sind. Die richtige Stellung und Bewegung des Flors ist von grosser Wichtigkeit für die nachfolgende Fadenbildung und darf vom Spinnmeister nicht aus dem Auge gelassen werden. Wenn der Flor zu lang herunterhängt, sozusagen sackt, entstehen Falten und Beutel in demselben, was nicht ohne nachtheiligen Einfluss auf die Fadenbildung bleibt. Hat er aber zu viel Spannung, dann entstehen Spitzen und ungleiche Stellen im Vorgarn. In beiden Fällen ist es also Sache des Meisters, den Abzug mittelst der ihm zur Verfügung stehenden Wechsel

zu reguliren. Es folgt hieraus: Man kann nicht Jahr aus,
Jahr ein mit denselben Wechselrädern am Flortheiler arbeiten,
sondern soll sich dieser Hülfsmittel je nach Beschaffenheit des
zu verarbeitenden Materials und je nach dem Feinheitsgrade der
herzustellenden Gespinnste bedienen.

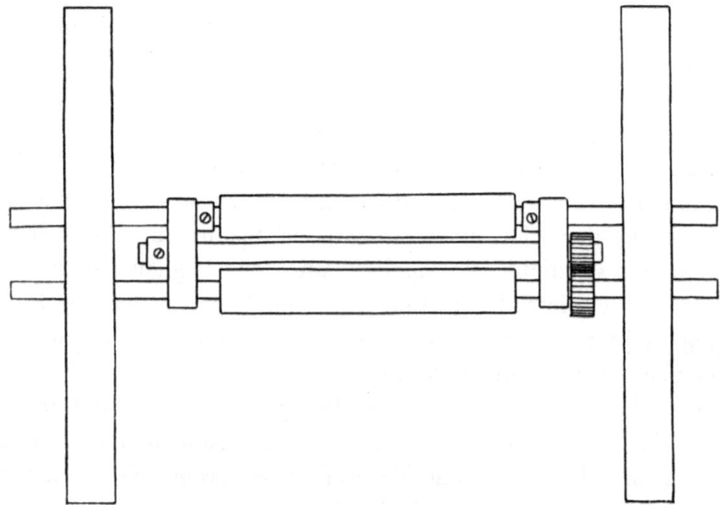

Fig. 34. Stahlbandflortheiler. Grundansicht.

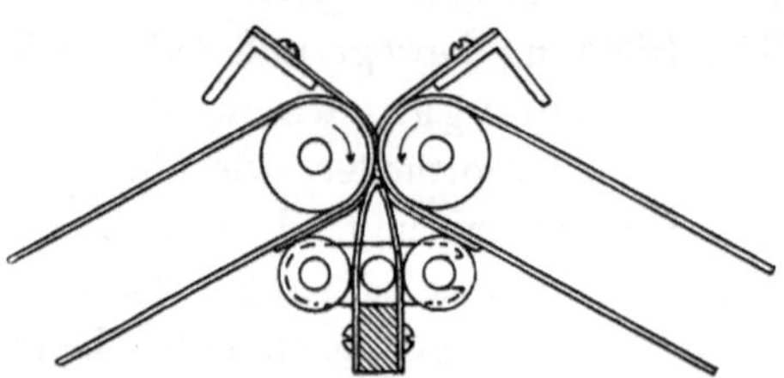

Fig. 35. Stahlbandflortheiler. Seitenansicht.

Zu bemerken ist noch, dass sich die Stahlbändchen am
Flortheiler durch die Länge der Zeit abnutzen, namentlich an
denjenigen Stellen, wo sie fest an die Nudelhosen gepresst
werden.

Das ist allerdings ein schwer zu beseitigender Uebelstand.
Bei dem Riemchenflortheiler ist das nicht der Fall. Hierin
liegt jedenfalls ein Vorzug letzterer Konstruktion.

Die Ausgabe, die Stahlplättchen durch neue zu ersetzen, wenn sie schadhaft geworden, ist indessen keine grosse; doch wiederholt sie sich alle 2 Jahre.

Andrerseits ist jene Abnutzung aber natürlich; denn es ist Vorschrift, dass die Stahlplättchen fest gegen die Nudelhosen gepresst arbeiten müssen, um einen gleichmässigen und schön getheilten Faden zu erhalten; haben sie doch die Aufgabe, die Wollfaser möglichst lange während des Theilungsprocesses fest-zuhalten. Durch die scharfe und gepresste Stellung leiden auch auf die Dauer selbstverständlich die Nudelhosen und Stahlplättchen, so dass es nicht Wunder nimmt, dass sie binnen verhältniss-mässig kurzer Zeit durch neue ersetzt werden müssen.

Um die schnelle Abnutzung der Stahlbänder auf ein Minimum zu beschränken, hat man den Flortheiler mit beweg-lichen und gehärteten Stahlbändern konstruirt, eine Einrichtung, die sich recht gut bewährt und vielfach in Spinnereien Aner-kennung gefunden hat.

Aber weder die feststehenden, noch die beweglichen Stahl-bänder sind im Stande, die schnelle Abnutzung ganz zu be-seitigen, weil ihr Druck zu fest und andauernd auf den Nudel-hosen lastet, wovon man sich beim Freilegen und Auswechseln am besten überzeugen kann.

Immerhin ist dem Flortheiler mit beweglichen auf- und niedergehenden Stahlbändern der Vorzug zu geben, schon der leichten Reinigung wegen, welche sich hier selbstthätig und viel regelmässiger vollzieht, als dies bei einem Flortheiler mit fest-stehenden Plättchen der Fall ist.

Die Abnutzung mit der hier bezeichneten Ausnahme dürfte wohl im Grossen und Ganzen bei beiden Systemen dieselbe bleiben. Die Einführung des Flors zum Theilungscylinder er-folgt in der Regel mit den Händen und macht sich sehr gut, wenn der mit dieser Manipulation betraute Arbeiter kein Neuling in der Spinnerei ist, sondern dafür die erforderliche eigenthüm-liche Fingerfertigkeit besitzt. Die Theilungshosen sollen gerade und rund in ihren Lagern laufen und die richtige Stellung zu einander haben, so dass sie sich nur ganz leise an ihrer Ober-fläche gegenseitig berühren.

Für geringeres Material, welches zu ganz starken, dicken Gespinnsten gebraucht wird, verwendet man ganz breite

Nudelhosen, 50 cm breit, um dem Vorgespinnst die nöthige Haltbarkeit zu geben.

Eine Hauptsache ist noch, dass die Stahlplättchen sauber, glatt und ohne Grat bleiben, ebenso ist von Wichtigkeit, dass sie genau im rechten Winkel angeschraubt werden, damit sie sich nicht in ihren Kreuzungspunkten berühren. Wird dies gegen Erwarten nicht beobachtet, dann bilden sich kleine Wollklümpchen und Spitzen am Ausgange unter den Theilungshosen, was wiederum spitziges und mangelhaftes Vorgarn zur Folge hat.

Alles in Allem kann man wohl sagen, dass mit einem Stahlbandflortheiler sehr gut zu arbeiten ist. Seine Leistungsfähigkeit ist dieselbe wie beim Riemchenflortheiler, nur ist seine Behandlung oft in unkundigen Händen, was zur Folge hat, dass er häufig ausser Betrieb gesetzt werden muss, während doch dieselbe Maschine in einer andern Spinnerei und mit Verständniss behandelt, vorzügliche Erfolge aufzuweisen hat. — Wenn ein Spinner in der glücklichen Lage ist, das ganze Jahr hindurch passendes, namentlich kurzes Material, Shoddy- und Mungomischungen, darauf zu spinnen, ist es eine Freude, mit einem solchen Flortheiler zu arbeiten.

Die Zweipeigneur-Continue. (Double Doffer Condenser.) In der Einleitung bei Beschreibung der Flortheilung ist schon erwähnt worden, dass die in der Ueberschrift genannte Maschine als eine Etappe auf dem Wege zu der vollkommneren Gestalt zu betrachten ist, welche die Flortheilung in weiterer Folge erfuhr. Zugleich ist an jener und an anderer Stelle bereits darauf aufmerksam gemacht worden, dass die Zweipeigneur-Continue sich wegen gewisser Vorzüge bei Theilung von Wollvliessen aus langen Wollen noch heute in der Spinnerei-Technik behaupte und bisher unersetzlich sei. Dieser Umstand legt die eingehendere Beschäftigung mit der Maschine nahe.

Bis etwa Mitte der 30 er Jahre dieses Jahrhunderts war in der Wollspinnerei das Vliess nicht anders getheilt worden als durch Bildung von Locken in der früher beschriebenen Art, aus denen man auf einer Vorspinnmaschine zusammenhängendes Vorgarn herstellte. Um 1836 trat Richard Hartmann in Chemnitz (damals in Firma Götz & Hartmann) mit dem Zweipeigneur-System hervor.

Die ersten Versuche, das Wollvliess durch zwei Walzen

(oberer und unterer Peigneur) in eine geringe Anzahl Streifen zu theilen und mittelst einer mechanischen Einrichtung (Würgelwerk) zu einem runden Faden zu nudeln, sind nachweislich diesem vortrefflichen Mann und genialen Erfinder zu danken. Denkende Spinner nahmen sofort grosses Interesse daran. Es kam ihnen damals sehr zu statten, dass in der Spinnerei nur reine Wollen gesponnen wurden. An Kunstwollen und sonstige Surrogate dachte man wenigstens in Deutschland zu jener Zeit noch nicht. Selbst Ausputz und Wollflug wurde damals nicht verarbeitet, sondern als Dünger auf den Acker geworfen. Diese Thatsache ist für das glückliche Gelingen der Experimente erheblich gewesen.

Die ersten Exemplare dieser neuen Vorrichtungen waren freilich sehr mangelhaft und sehr komplicirt aus der Maschinenfabrik hervorgegangen. Der Monteur hatte Noth und Mühe, sie aufzustellen und in Gang zu bringen und der Spinner war kaum im Stande, mittelst Schlüssel und allerlei Handwerkzeug die einzelnen Theile, Rädchen u. s. w. zusammenzustellen und in Gang zu bringen, geschweige denn die Vorrichtung in der Spinnerei mit Nutzen zu verwerthen. Verfasser erinnert sich aus seiner Knabenzeit noch lebhaft daran, unter welchen Mühen und unendlichen Schwierigkeiten die erste Zweipeigneur - Vorspinnkrempel (die Krempel 30″ Arbeitsbreite mit 2 Vorgarnspulen zu 15 Faden jede) in der Spinnerei von Jeschke in Forst aufgestellt und wie das erste Vorgarn davon im Triumph durch den Spinnsaal getragen wurde.

Mit einem Worte, Einrichtung und Bauart waren damals äusserst mangelhafte und mit vielen Fehlern und Gebrechen behaftet; aber die Idee und die Grundlage für die weitere Entwicklung war geschaffen, und schnell waren die Techniker dabei, eine Verbesserung und Vereinfachung der Konstruktion nach der andern vorzunehmen, so dass die Zweipeigneur-Continue binnen Kurzem ungefähr dieselbe Bedeutung erlangte wie in unsern Tagen der Flortheiler.

Seitdem hat sich das Zweipeigneursystem bis auf den heutigen Tag praktisch bewährt und behauptet. Man darf sagen, nicht mit Unrecht: An der Zweipeigneur-Vorrichtung wird noch heute in England mit grosser Zähigkeit festgehalten. Ganz besonders ist diese Maschine für Unterschussgarne, grobe, auch lange Wollen, aus denen ganz starke Gespinnste hergestellt werden, praktisch und zu empfehlen. Die Thatsache kann nicht weggeleugnet werden, dass der Zweipeigneur für eine gewisse Sorte von Gespinnsten heute noch viele Anhänger hat. England, auf dessen hochentwickelte Textilindustrie wir in Deutschland zu blicken gewohnt sind, würde das System längst über den Haufen geworfen haben, wenn es nicht praktisch wäre. Die Bauart dieser Vorspinnkrempel hält sich gegenwärtig, nachdem sie im Laufe der Zeit vielfachen Verbesserungen unterzogen worden, in den Grenzen der denkbar grössten Einfachheit. Sie hat den nicht zu unterschätzenden Vorzug und das Angenehme, dass alle einzelnen Theile leicht zugänglich, dem Auge des Spinners sichtbar und zu kontrolliren sind, so dass alle etwa vorkommenden Fehler und Mängel im Vorgarn sofort entdeckt und abgestellt werden können, während der Theilungsprocess im Flortheiler, so vollkommen und genial ersonnen er ist, im Vergleich hiermit den Nachtheil hat, sich nicht so übersichtlich, man möchte sagen, versteckter zu vollziehen. Riemchen, wie Stahlbändchen sind in ihrer Neigung, an dem Faden herumzuzerren, — bei manchen Materialien vornehmlich — schwer zu kontrolliren.

Gewiss macht es einen angenehmen Eindruck, den Gang einer solchen Maschine, die u. A. von der Sächsischen Maschinenfabrik nach wie vor ganz vorzüglich geliefert wird, zu beobachten und jeden einzelnen Faden in seiner Entstehung zu verfolgen. Was die Gleichmässigkeit der Arbeit anbetrifft, ist dieselbe, bei der heutigen Konstruktion, über allen Zweifel erhaben.

Die Produktion einer Zweipeigneur-Continue ist unter Umständen kaum von derjenigen des Flortheilers verschieden, wenn man es versteht, sie richtig und mit Verständniss auszunutzen; für starke Gespinnste ist sie unter Umständen selbst eine grössere. Um die Produktion zu steigern, hat der Maschinenkonstrukteur in neuerer Zeit beiden Peigneuren einen grössern Umfang gegeben (30 cm Durchmesser) bei einer Arbeitsbreite der Vorspinnkrempel von cirka $1^1/_2$ m, wodurch denn auch eine grössere Streichfläche erzielt wird, alles Einrichtungen, die dazu beitragen, die Leistungsfähigkeit zu vergrössern. Für Stapelartikel und speciell Unterschussgarne, wobei es nur darauf ankommt, recht viel in einer kurzen Arbeitszeit zu schaffen, diene folgende Angabe, wie ein Sortiment gebaut und beschaffen sein muss, um den Zweck einer grossen Leistung zu erfüllen:

Hervorzuheben ist an erster Stelle, dass ein breites Sortiment anzuschaffen und einzurichten ist, das zur Erreichung der grössten Leistungsfähigkeit folgende Abmessungen und Einrichtungen haben muss: Die Krempeln in einer Arbeitsbreite von $1^1/_2$ m = 1500 mm oder 60″ rhn., mit 3 hintereinander liegenden Cylindern und einem automatischen Legeapparat (Blamire Feeder); die Vorspinnkrempel mit einem Tambour und Avanttrain, d. h. Vorcylinder, zwei Peigneure, jeder von 35 cm Durchmesser und $1^1/_2$ m Arbeitsbreite zu 30 guten Faden, also in Summa 60 gute Faden; die Beschlagbreite der einzelnen Ringe 24 mm. Diese Maasse entsprechen der Konstruktion der Sächsischen Maschinenfabrik in Chemnitz. Auf Grund dieser Anordnung ist

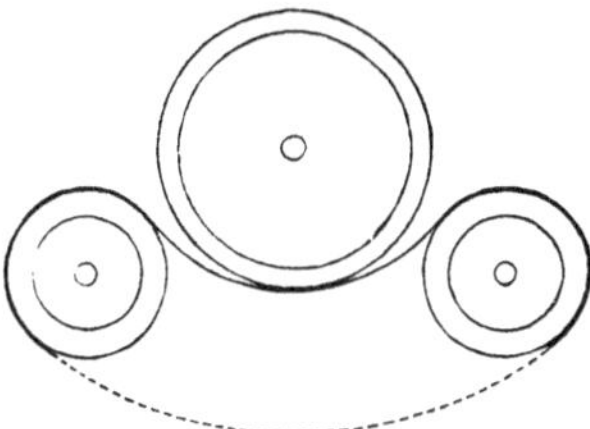

Fig. 36. Praktische Nudelanordnung für starke Gespinnste
an der Zweipeigneur-Continue.

das Sortiment im Stande, während einer 12 stündigen Arbeitszeit 5 Centner Garn zu liefern, was einer Leistung von 30 Centner pro Woche entspricht, wobei auf $^3/_4$ stückiges Gespinnst, — Pelzfutterschuss — das Stück zu 2000 Berl. Ellen gerechnet ist. Verglichen mit der Leistung von 4 schmalen kleinen Sortimenten ist die Ersparniss an Arbeitslohn und Spinnlohn auf 30 Mark wöchentlich zu veranschlagen, ein so erheblicher Vortheil, dass er für den Fachmann weitere Kommentare überflüssig macht. Die Einrichtung des Nudelwerkes ist bei diesen Zweipeigneur-Vorspinnkrempeln eine durchaus einfache und zweckmässige, wie obenstehende Fig. 36 zeigt, und hat sich bis heut noch immer bewährt. Während die ganz breiten Lederhosen an den englischen Krempeln ein Kapital repräsentiren, ist diese Einrichtung in der ersten Anschaffung und Unterhaltung sehr viel billiger. Haben sich diese Nudelwalzen abgenutzt, so wird ein altes ausgezogenes Kratzenband aufgezogen, welches bereits

seine Dienste gethan. Dagegen muss die untere, breitere Nudelhose unausgesetzt von tadelloser Beschaffenheit sein und darf
weder harte Stellen noch Beutel im Leder haben. Nur dann
ist man in der Lage, egales, gut abgerundetes Vorgarn zu garan-
tiren. Um den Flor bei langem Material auseinanderzuhalten,
sind eiserne blankpolirte Stöcke angebracht, welche in seitlichen
Lagern gehen und vor der ersten Nudelwalze zu liegen kommen,
an der Stelle nämlich, wo der Flor zuerst in die Nudelbewegung tritt. Dieser Stock dient dazu, das Zusammen-
laufen der einzelnen Fäden zu verhindern und soll, entgegen
dem Gebrauch in den meisten Spinnereien, auf dem untern Leder
nicht aufliegen. Um dem Fadenflor mehr oder weniger Spannung
zu geben, bediene man sich der in grosser Anzahl vorhandenen
Wechselräder, welche diesem Zwecke dienen. Hierfür sind dieselben Regeln maassgebend, welche bereits beim Flortheiler besprochen wurden. Langhaariges Material verlangt einen schnelleren Abzug zwischen dem Peigneur und der Nudelwalze, während
kurze Wolle, sogenannte Mungomischungen, nur eine ganz lose
Uebertragung bedingt. Alles dies sind kleine Fingerzeige, deren
Beachtung dazu beiträgt, ein schönes Vorgespinnst herzustellen,
wenn auch hierfür wiederum Geltung hat, was so oft schon vom
Standpunkt des Praktikers hervorgehoben worden ist, dass aus-
schlaggebend für die Anwendung der einen oder anderen Empfehlung ausschliesslich das Material und die Beobachtung seines
Verhaltens bei voller Thätigkeit der Maschine ist.

Um den Flor vom Peigneur abzulösen, giebt es heute nur
zwei Methoden, entweder das Auskämmen mittelst der bekannten
und fast überall gebräuchlichen Hackerbewegung, und diese wird
wohl auch für die Folge immer das Feld behaupten, oder die
an den englischen Krempeln vorgesehene Abnahme des Flors
durch eiserne Druckwalzen, welche ebenso wie die Wender
mit feinen Kratzen beschlagen sind (Doffer-Stripper). Es kann
von dieser Einrichtung nicht gesagt werden, dass sie schlecht
oder mangelhaft sei, aber in keinem Fall ist sie so sicher und
zuverlässig als unsere erprobte Hackerbewegung. Der nicht zu
unterschätzende Vortheil der beschlagenen Abnehmewalzen besteht darin, dass sie durch die enge Stellung zum Peigneur ein
fortwährendes Schleifen desselben verursachen, wodurch die
Spitze immer scharf gehalten, somit ein Schleifen mit der Hand

oder Abziehen der Kratzen bei dieser Anordnung überhaupt ausgeschlossen ist. Ein zu scharfes Anstellen der Walze ist allerdings zu vermeiden, weil sonst die Zähne sich nach unten drücken und die Kratzen Schaden leiden. Dies wird vermieden, wenn der Meister ab und zu die Funktionen der Walzen kontrollirt. Wenn man mit der Hand über den Beschlag des Peigneurs und denjenigen der Abnehmewalze fährt, kann man sich sofort ein recht gutes Bild machen, welche Schärfe die Spitze der Kratzen durch das immerwährende Schleifen ergeben hat. Auch hier ist es nothwendig, dass die Garnitur aus Stahlkratzen bestehe. Auch die Peigneur-Ringe müssen Stahlkratzen sein und wie allgemein gebräuchlich 2 Nummern feiner als der Tambourbeschlag.

Noch auf einen Umstand ist am Schlusse dieses Artikels hinzuweisen. Es ist oben ausdrücklich bemerkt, dass die Vorrichtung 2 Walzen zu 30 Faden = 60 Faden haben soll, um alle Gespinnstnummern in der Höhe von $^5/_8$ bis $1^1/_2$ stückig mit Leichtigkeit zu spinnen. Diese Fadenzahl entspricht auch der Theilung derselben (24 mm obere, 26 mm untere Kratzenbreite).

Die Vorgarnwalzen haben somit eine Breite oder Länge von $1^1/_2$ m, gleichviel ob Ober- oder Unterwalzen. Es hat sich nun herausgestellt und zwar erst in der Praxis, nachdem die Vorrichtung längere Zeit in Dienst gestellt, dass das Bedienungspersonal, Frauen oder Mädchen, nicht im Stande ist, diese breiten Vorgarnwalzen, zumal wenn sie bis über die Scheiben vollgelaufen, zu transportiren, ohne dabei das Vorgespinnst, welches sauber herzustellen Zeit und Arbeit kostet, empfindlich zu schädigen.

Ganz besonders ist das der Fall, wenn die Wolle einen leichten, flaumigen und flattrigen Charakter besitzt, Eigenschaften, welche bei den langen Cheviotwollen, Kameel- und Eiderwollen ganz besonders hervortreten. Das Vorgespinnst von dergleichen Wollen wickelt sich leicht und schnell auf und nimmt bei geringem Gewicht einen grossen Raum ein, behält aber immer den oben bezeichneten eigenthümlichen Charakter und wenn es noch so fest genudelt ist.

Da kommt es nun vor, dass beim Ein- und Ausheben der Vorgarnwalzen, überhaupt beim Transport, das Vorgarn dermaassen ramponirt wird, dass der Spinner kaum im Stande ist, beim Einlegen der Walzen auf den Selfaktor die einzelnen Faden herauszufinden, gar nicht zu sprechen davon, dass aus solchem Vorgarn überhaupt kein ordentliches Garn hergestellt werden kann. Auch bei der grössten Vorsicht ist das kaum zu vermeiden. Gewiss ist das ein grosser Uebelstand und der Spinner wird dadurch in seiner Produktion nicht nur qualitativ, sondern auch quantitativ geschädigt.

Auf Grund dieser erheblichen Unzuträglichkeiten beim Transport des Vorgarns ist vom Konstrukteur die ganz praktische Einrichtung getroffen, diese $1\frac{1}{2}$ m langen Vorgarnwalzen in zwei Theile zu zerlegen; somit werden statt einer Walze zu 30 Faden 2 Walzen zu 15 Faden, gemacht. Die Sache ist sehr einfach. In der Mitte der Vorrichtung ist an der Aufwickelwalze, oder vielmehr auf der durchgehenden Welle derselben eine eiserne Stange angebracht, um den Zapfen der nunmehr auf 15 gute Faden eingerichteten Walzen von der halben Länge Auflage zu geben.

Bei den Unterwalzen besteht natürlich genau dieselbe Eintheilung wie oben. Diese kleinen Walzen sind mit Leichtigkeit zu handhaben, was in vielen Fällen von grossem Werth ist. — In vielen Spinnereien besteht die sehr praktische Einrichtung, das Vorgarn mittelst Fahrstuhls oder eines einfachen mit Kurbel versehenen Aufzugs, in welchen die Spulen eingelegt werden, in den Feinspinnraum über den Krempeln zu befördern. Ein einfacher Holzständer dient dazu, die Spulen direkt aus der Vorrichtung einzulegen, und der Spinner zieht oder dreht sich die Spulen sammt dem Gestelle in den Spinnsaal hinauf, wo sie zur Verarbeitung kommen. Noch praktischer aber ist die Anordnung, die Selfaktoren in demselben Saale aufzustellen, in welchem das Vorgarn angefertigt wird, vorausgesetzt, dass die lokalen Verhältnisse es gestatten und der nöthige Raum dazu vorhanden ist. Diese Einrichtung findet man häufig in den englischen Spinnereien, und es ist dann eine schöne Sache, wenn der Spinner sich die Spulen, wie sie von der Vorspinnkrempel kommen, gleich in seinen Selfaktor einlegen kann. Nicht nur das Vorgespinnst wird dadurch schonend behandelt, sondern auch Zeit und Arbeitslohn erspart.

Zweites Kapitel.
Die Feinspinnerei.

Die Handspinnmaschine (Mule Jenny). Bis etwa zur Mitte
des vorigen Jahrhunderts war das nur einen Faden spinnende
Handspinnrad allgemein im Gebrauch. Erst 1738 nahm der
bereits als Erfinder der Krempel genannte Lewis Paul in Birmingham (Nachkomme einer französischen Hugenotten-Familie)
Patent auf eine Vorrichtung, um auf dem Handspinnrad ange-

Fig. 37. Jenny.

fertigtes Vorgespinnst — Roving — und zwar mehrere Faden
zugleich dadurch zu verfeinern und zu spinnen, dass er es durch
eine Anzahl von Walzenpaaren leitete, von denen jedes folgende
eine grössere Geschwindigkeit als das vorgehende empfing.
Doch ist — wie die geschichtliche Forschung nachgewiesen —
nicht Lewis Paul der Erfinder, sondern John Wyatt. Dieser
geniale Erfinder starb 1766, ohne die Früchte seiner Geistesthat
geerntet zu haben. Praktisch wurde die Erfindung erst durch
Richard Arkwright 1769 gestaltet, der vielfach irrthümlich als

der eigentliche Erfinder gilt. Die Erfindung der „Water-Maschine", aus der sich im Weiteren der Spinnstuhl englischer Erfindung (Throstle) und der Spinnstuhl belgischer Erfindung (Métier fixe) entwickelte, ist Arkwright's Verdienst. Etwa gleichzeitig (1770) erfand James Hargreaves eine auf andern Principien beruhende Spinnmaschine, die er nach seiner Tochter „Jenny" benannte, und 15 Jahre später vereinigte Samuel Crompton manche Vortheile und Konstruktionen der Water-Maschine mit solchen der Jenny und schuf eine Maschine, die wegen dieser Beziehungen zu ihren beiden Vorgängerinnen Mule Jenny, das ist Bastard-Jenny genannt wurde. Die Mule Jenny theilt mit andern Bastarden den Vorzug ganz besonderer Lebensfähigkeit und Tüchtigkeit. Jetzt — 110 Jahre nach ihrer Erfindung — ist sie noch in häufigem Gebrauch und wird fortwährend auch neu gebaut, wenngleich sie immer mehr durch den von ihr abgeleiteten Selbstspinner oder Selfaktor verdrängt wird, der nach seinen jetzt gültigen Principien zuerst 1825 von Roberts gebaut wurde.

Es kann nicht Aufgabe dieses Buches sein, über das Feinspinnen und die ihm dienenden Maschinen nach der konstruktiven und mathematischen Seite hin Ausführliches zu bringen. Damit würde es aus der ihm durch das Vorwort vorgezeichneten Rolle fallen, welche darin besteht, im Wesentlichen die vieljährigen Erfahrungen des Praktikers zu Nutz und Frommen anderer Praktiker zu bringen. Die für das volle Verständniss des Feinspinnens allerdings unentbehrliche Theorie muss deshalb einigermaassen zur Seite treten, zumal Berufenere über diese Seite, sei es in gründlichen Werken, sei es in Fachblättern oder in gehaltvollen Vorträgen Erschöpfendes gebracht haben. In diesem Betracht erinnert Verfasser an die vorzügliche, von jedem Fachmann wohl mit höchstem Interesse gelesene Preisarbeit des Oberingenieurs Lohrisch von der Sächsischen Maschinenfabrik, welche im Jahrgang 1884 des „Deutschen Wollen-Gewerbes" veröffentlicht wurde. Diese hervorragende litterarische Leistung auf dem Gebiet der Feinspinnerei hat seiner Zeit berechtigtes Aufsehen gemacht und gilt nach wie vor als Fundgrube des Wissens für viele Fachgenossen. Das Nachfolgende kann im Vergleich mit einer solchen systematischen Arbeit daher nur den Anspruch erheben, als eine Zusammenstellung der in vierzigjähriger Thätigkeit als Spinner gesammelten Erfahrungen auf diesem wichtigen Gebiete zu gelten, welches gleichwohl in seiner entscheidenden Wichtigkeit für das Schlussergebniss der Spinnerei sich nicht mit dem im ersten Kapitel ausführlich behandelten Krempeln messen kann.

Es wird im Nachfolgenden also an den Punkt angeschlossen, wo das von der Continue kommende weiche und haltlose Vorgarn dem Spinnprocess übergeben wird.

Unter Spinnen versteht man bekanntlich die Bildung eines Fadens von einer bestimmten Länge und Stärke, um dem aus Wollfasern lose zusammengenudelten Vorgarn durch mehr oder weniger festes Zusammendrehen genügend Halt zu geben.

Die Manipulation des Spinnens zerfällt in drei Theile: Das Ausziehen, das Zusammendrehen und das Aufwickeln oder Aufwinden des Gespinnstes.

Unter Ausziehen verstehen wir die Arbeit, das Vorgarn zu einem Faden von bestimmter Stärke umzugestalten. Das Ausziehen geschieht heute fast ausschliesslich durch speciell dazu eingerichtete mechanische Kraftmaschinen (Mule Jenny, Selfaktor, Ringdrossel).

Das Zusammendrehen, wodurch sich die einzelnen Wollfasern des Vorgarns zu einem runden Faden zusammenschliessen, wird durch die mit grosser Geschwindigkeit sich drehenden Spindeln bewirkt. Die Haltbarkeit des Fadens hängt an erster Stelle von der Beschaffenheit des Materials ab, erst an zweiter von der Ausführung der Vorarbeit und von dem Spinnen selbst.

Das Aufwickeln oder das Aufwinden des Gespinnstes endlich, also mit andern Worten des ausgezogenen und gedrehten Fadens geschieht durch besondere Mechanismen, bei den Maschinen älterer Konstruktion unter Hilfsleistung durch die Hand.

Zieht man in Erwägung, welche ganz bedeutenden Fortschritte in den letzten Jahren im Krempelbau gemacht worden sind (Blamire, Flortheiler), so könnte man beinahe auf den Gedanken kommen, die Feinspinnerei hätte zu thun gehabt, mit diesen Erfindungen und Verbesserungen gleichen Schritt zu halten.

In Deutschland existirten vor 50 Jahren nur wenige Kraftmaschinen. Das Vorgarn wurde zur damaligen Zeit noch auf den kleinen, sogenannten 60er Handspinnmaschinen (Jennies) gesponnen, an die sich von den älteren Zeitgenossen wohl noch mancher erinnern wird. — Die Konstruktion derselben war eine äusserst unvollkommne. Sie hatte damals nicht mehr als 60 Spindeln, weil eine einzelne Person bei der ihr sonst zugewiesenen Arbeit mit der Maschine nicht mehr zu übersehen im Stande war. Das Schwungrad wurde mittelst einer Kurbel mit der rechten Hand in Bewegung gesetzt, während die linke Hand den Wagen führte und die „Klemme" regulirte. Trotz dieser mangelhaften Einrichtung war der Verdienst für den Spinner, welcher es verstand, seine Handmaschine gut zu behandeln, ein durchaus lohnender. Für gewisse Zwecke, z. B. zum Doubliren starker Garne, zur Herstellung kleiner Musterkollektionen oder zur Herstellung ganz starker, ordinärer Teppichgarne ist diese Handmaschine noch heute im Gebrauch und wohl hier und da noch in regelmässigem Betrieb. — Immerhin war die Leistungsfähigkeit dieser Maschine eine sehr geringe, und man war mehr oder weniger von der Leistungsfähigkeit und dem guten Willen des Spinners abhängig. Die Handspinnerei besteht beiläufig bis heute noch in Indien, wo die Baumwolle theilweise noch mit der Hand gesponnen wird. Erst vor einigen Jahren haben die Engländer den Anfang gemacht, Spinnereien in grossem Stile dort zu etabliren.

Die ersten Versuche, Kraftmaschinen nach dem Princip der Mule Jenny in Deutschland zu bauen, beruhten auf dem Princip des Seitenbetriebes und gingen im Jahre 1836 aus der Maschinenfabrik von Richard Hartmann in Chemnitz hervor. Diejenigen mit Mittelbetrieb wurden, obgleich schon 1790 durch Butler erfunden, erst in spätern Jahren gebaut. Sie waren im Anfang sehr komplicirt und mit einer Menge Räder versehen, die bald als Ballast über Bord geworfen wurden. Die Anzahl der Spindeln belief sich nur auf 180, höchstens 200, eine Anzahl, die blos in seltenen Fällen überschritten wurde. Später wurde vieles daran verbessert und vereinfacht. Die Schnurwirtel, früher von Holz, wurden aus Gusseisen hergestellt, die kleinen Tambourwirtel mit Zinkblech umzogen, alles andere, Radbock und Cylinderbaum ebenfalls aus Gusseisen angefertigt. Diese vervollkommnete Maschine gestattete dem Spinner, ein tadelloses Gespinnst zu liefern bei grösserer quantitativer Leistung. Es ist beispielsweise auf die belgischen Spinnereien (Verviers) zu verweisen, welche uns in Anfertigung von billigen feineren Streichgarnen von jeher die Spitze geboten haben, wo zu jener Zeit ein tüchtiger Spinner auf einer Mule Jenny von 240 Spindeln in 12 Arbeitsstunden mit Leichtigkeit 70 Kilo 4 stückige scharf gedrehte Kette ohne grosse Anstrengung fertig machte. Wie in der Einleitung gesagt, werden dergleichen Maschinen noch heute verlangt und gebaut. — Wie schwer aber und wie äusserst langsam sich Verbesserungen und Neuerungen an der Spinnmaschine Eingang verschafften, dazu dient folgendes Beispiel, das sehr lehrreich ist, theils der Parallele zwischen früherer und jetziger Bauart wegen, theils um zu zeigen, welcher Art der Entwicklungsgang der Feinspinnerei war und wie jede, auch die einfachste und naheliegendste Verbesserung, stets viel Zeit zu ihrer Ausreifung bedurfte.

Es bezieht sich auf das damalige sehr komplicirte Einlegen der Vorgarnwalzen, welches darin bestand, dass man sie in zwei freistehende hölzerne Lager legte. Ein Abtreibezeug oder Auflegewalzen existirten noch nicht. Die Walze mit dem Vorgarn ruhte also zwischen den Lagern, welche am Hinterriegel der Spinnmaschine angebracht waren. Diese Vorgarnwalze nun, welche an und für sich schon ein ganz respektables Gewicht repräsentirt, wurde somit nur durch den Anzug ihrer Faden in Bewegung gesetzt, d. h. nur so lange, wie Vorgarn gegeben wurde. Diese Bewegung tritt in dem Augenblick ein, wo die Spinnmaschine in Gang kommt und der Cylinder Vorgarn gebraucht, und sie hört auf, wenn der Cylinder stehen bleibt resp. ausrückt.

Nun ist es ganz natürlich, dass, wenn der Cylinder einrückt, die straffen Faden am Vorgarn zuerst angezogen werden, während die längeren, herunterhängenden später und die ganz langen Faden zuletzt anziehen. Mithin ergaben die ersteren Faden, welche eine grössere Spannung haben, weil sie die Walze zuerst anziehen und in Bewegung setzen, ein feineres Gespinnst, als die lang herunterhängenden Faden, und es existirte eine Unegalität im Gespinnst, die jeder Beschreibung spottete. — Bei ganz langen Wollen und ganz starkem Vorgespinnst war die Sache nicht sehr schlimm, indessen machte sich ausserdem der Uebelstand geltend, dass mitunter die leeren Holzwalzen unrund waren, wodurch ein ausser der Mitte liegender Schwerpunkt geschaffen war, was diese äusserst primitive Einrichtung noch viel mehr zu Ungunsten eines gleichmässigen Abzuges verschlimmerte.

In diesem Falle rissen dann sämmtliche Faden ab, ein Vorkommniss, das sich mehrere Mal und so oft wiederholte, als dergleichen schlechte, unrunde leere Vorgarnwalzen gebraucht wurden. — Abgesehen von der schlechten Arbeit in Bezug auf die Herstellung des Gespinntes, wurde hierbei auch die Produktion der Maschine wesentlich geschmälert, bis endlich durch Einrichtung des bekannten Abtreibezeuges an der Spinnmaschine diesem Uebelstande abgeholfen wurde, nachdem alle Spinner sich leider Jahre lang damit gequält hatten.

Auch das Einziehen und Einlegen der einzelnen Vorgarnfaden in den Cylinder der Spinnmaschinen war damals eine sehr umständliche und zeitraubende Einrichtung, überhaupt sehr verwickelter Natur. Während wir heute diese Faden schnell und mit Leichtigkeit von oben durch einfache nach oben offene Oesen einlegen, existirten damals nur oben geschlossene Oesen, bei denen man Noth und Mühe hatte, die Faden hindurchzuziehen. Neben dem durch diese umständliche Manipulation an sich verursachten Zeitverlust hatte der Fadenjunge oder der Spinner auch nicht immer die nöthige Handfertigkeit, um die Arbeit mit Schnelligkeit zu verrichten.

Inzwischen sind von den Konstrukteuren unausgesetzt Anstrengungen gemacht worden, alle kleinen und grossen Missstände zu beseitigen und Verbesserungen dort anzubringen, wo sie nöthig sind. — Es entstand so auch die Konstruktion der Schnecke, welche dazu dient, die Bewegung des Wagens zu reguliren. — Ohne Frage gehört dieselbe zum gleichmässigen Gang einer Spinnmaschine und sie wird deshalb ohne Weiteres und als selbstverständlich von der Maschinenfabrik mitgeliefert; denn nach den Regeln der Technik darf sie eigentlich an keiner Spinnmaschine fehlen. — Trotzdem ist nicht in Abrede zu stellen, dass ein Spinner, der Jahr aus Jahr ein auf ein und derselben Feinspinnmaschine spinnt, so viel Virtuosität darin erreicht und eine solche Sicherheit auf seiner Maschine sich zu eigen macht, dass er auch ohne Schnecke spinnt und den Spinnwagen führt. — Immerhin ist diese moderne Gewöhnung entschieden zu tadeln; denn kein Spinner ist im Stande, den Spinnwagen mit den Händen so genau und zuverlässig zu reguliren als mit dem Mechanismus der Schnecke.

Was den Aufwickelprocess anbetrifft, so sind auch

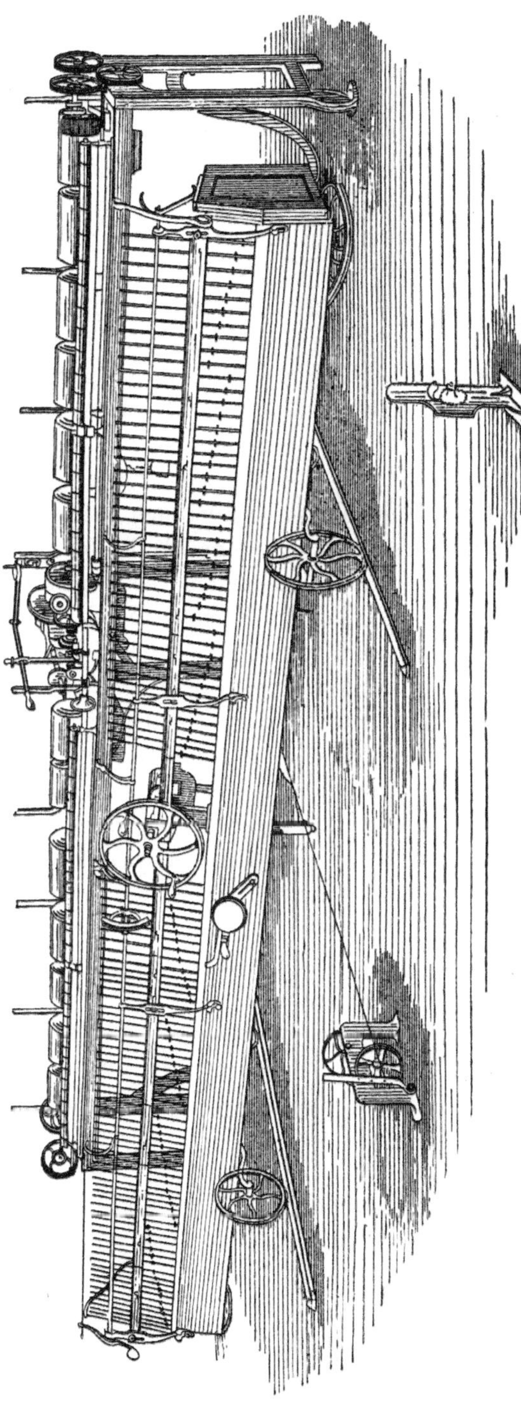

Fig. 38. Mule Jenny mit Mittelbetrieb.

nach dieser Richtung verschiedene Versuche an der Mule Jenny, Cylinderfeinspinnmaschine, gemacht worden, um die menschliche Hand durch einen Mechanismus zu ersetzen; sie haben aber mehr oder weniger ihren Zweck nicht erreicht. — Zu erwähnen ist hierbei der Präcisionsapparat, um fester aufzuwickeln und die alte Windeschiene seligen Angedenkens. Beide haben nur ein kurzes Dasein gefristet und sind in die Rumpelkammer oder in's alte Eisen gewandert, nachdem die Maschinenbauer Geld dabei verdient hatten. — Auch bei dieser Operation des Aufwickelns und Aufwindens erreichen die Spinner durch die Länge der Zeit eine ausserordentliche Gewandtheit, ganz besonders aber dann, wenn diese Leute schon von Jugend an Fadenjungendienste gethan und von da ab ausschliesslich nur mit Spinnen beschäftigt gewesen sind.

In Bezug auf den Feinspinnprocess will ich Folgendes mittheilen: Bei der Cylinderfeinspinnmaschine (Mule Jenny) wird der Wagen, wenn keine Schnecke vorhanden, beim Auszuge durch den Spinner geführt, wobei ihn die Kreuzleine oder Twistschnur am Radbock gewissermaassen unterstützt. Diese hat also einen doppelten Zweck; denn sie vermittelt ausserdem durch die Tambourleine die Spindelbewegung. Dem Handspinner wird seine Aufgabe damit erleichtert, dass dem Auszuge des Wagens hierdurch ein geringer Widerstand geleistet wird. Er hat nur den Wagen zu reguliren und zwar in der Weise, dass nach Maassgabe des Verzuges im Faden sich die Gangart des Auszugs schliesslich immer mehr verlangsamt, bis der Wagen die Anschlagsäulen erreicht. In demselben Moment tritt dann in der Regel die zweite Spindel-Geschwindigkeit ein und bleibt so lange in Thätigkeit, bis der Faden die genügende Drehung und Festigkeit erreicht hat. Je feiner das Garn ausgesponnen wird, desto mehr Drehung muss es haben, und in demselben Maasse wie diese stattfindet, regulirt sich auch, nur langsamer werdend, die Gangart im Wagenauszuge.

Die Führung des Wagenzuges, sei es mit oder ohne Schnecke, sowie das Verhältniss der Drehung des Fadens richtet sich in jeder Spinnerei nach der Beschaffenheit des Materials, welches sehr verschieden ist. So bedingt z. B. langes Material ein schnelleres Tempo im Auszuge des Wagens und verhältnissmässig weniger Drehung des Fadens, während bei kurzer Wolle

der umgekehrte Fall eintritt. Um diesem Umstande genügend
Rechnung zu tragen und ein richtiges Verhältniss herzustellen,
hat sich an der Cylinderfeinspinnmaschine die zweite Geschwindigkeit eingeführt, welche, wie schon oben angegeben, in demselben
Augenblick eintritt, wo der Wagen den Anschlagkegel erreicht,
also am Ende seines Auszuges angekommen ist. — In Folge
dieser Anordnung wurde diese Art Spinnmaschinen lange Zeit
ausschliesslich nur mit doppelter Geschwindigkeit konstruirt und
später noch eine dritte dazu eingerichtet, was selbstredend
wiederum eine vergrösserte Leistungsfähigkeit der Spinnerei zur
Folge hatte. Es ist ohne Weiteres klar, dass diese beständigen
Aenderungen und Verbesserungen an der Spinnmaschine, welche
trotz alledem das Element von Willkür, was das Eingreifen des
Spinners mit sich brachte, nicht beseitigten, den Gedanken nahe
legten, die Konstruktion des Selbstspinners, der seit langem schon
in der Baumwollspinnerei Anwendung und allgemeine Aner-
kennung fand, auch auf die Wollspinnerei anzuwenden. Damit
war allerdings auch dem Spinner der Laufpass gegeben; denn
für die dem Bedienungspersonal nunmehr verbleibende Aufgabe,
das Vorgarn einzulegen, Faden anzumachen, Garn abzuziehen
und alle Theile gehörig zu ölen, war ein kräftiger, männlicher
Arbeiter eine zu theure Arbeitskraft.

Der Selfaktor oder Selbstspinner. Die Anfertigung und
der Bau der ersten Selfaktoren wurde auf dem Kontinent von
den Maschinenfabriken in Chemnitz (Hartmann) zuerst in An-
griff genommen und zwar in den 50 er Jahren. Ihre Konstruktion beruht im Grossen und Ganzen auf demselben Princip, wo-
nach damals schon seit langer Zeit Baumwollenselfaktoren gebaut
wurden.

Seitdem ist unverdrossen an der Weiterentwicklung und
Vervollkommnung dieser Maschine gearbeitet worden, wobei
ganz besonders auf grössere Vereinfachung des Mechanismus,
ordnungsmässige und richtige Herstellung der einzelnen Theile
bis in's kleinste Detail mit Rücksicht auf Stärke und Dauer-
haftigkeit im Material und vor Allem auf Verstellung durch
Contreschrauben gesehen wurde.

In Folge der grossen Sorgfalt und Aufmerksamkeit, welche
man gerade dieser Maschine ununterbrochen seit etwa 35 Jahren
zu Theil werden liess, ist der Selfaktor heute zu einer Vollen-

dung und Leistungsfähigkeit gekommen, welche vorzugsweise dort Geltung findet, wo es sich um schlechtes, minderwerthiges, überhaupt wenig spinnfähiges Material handelt, wie solches beispielsweise in Kunstwollspinnereien in grossen Mengen verarbeitet wird. — Auch dort, wo es an Arbeitskräften fehlt, und wo die neuen socialen und gewerblichen Gesetze die Arbeitszeit immer mehr einschränken, ist die Anschaffung von Selfaktoren dringend wünschens- und empfehlenswerth.

Während zu einem breiten Sortiment behufs grösstmöglichster Ausnutzung des Vorgespinnstes mindestens 600 Spindeln der Mule Jenny erforderlich sind, um das Vorgarn während einer 12 stündigen Arbeitszeit wegzuspinnen, genügt ein Selfaktor von 400 Spindeln, um das Vorgarn in derselben Zeit wegzuschaffen. Das ist eine Differenz von 200 Spindeln. Die übermässig grosse Anzahl von Spindeln eines Streichgarnselfaktors ist nach Meinung des Verfassers eben so unpraktisch wie die übergrosse Arbeitsbreite der Krempel. Für Kunstwollspinnereien und da, wo viel Fadenbruch in Folge Verarbeitung schlechten Materials vorkommt, sollte die Anzahl der Spindeln eine begrenzte sein und 300 Spindeln nicht übersteigen.

Die Selfaktoren werden zum grössten Theil mit 2- und 3 facher Geschwindigkeit konstruirt. Es ist von Wichtigkeit, die zweite und dritte Geschwindigkeit nicht eher eintreten zu lassen, als in dem Moment, wo der Wagenzug sein Ende erreicht und an die Anschlagkegel trifft, um das allmähliche Ausziehen des Fadens durch den schnellen Uebergang auf die zweite Geschwindigkeit nicht zu stören. Es wird sehr oft gegen diese Vorschrift gesündigt, indem dabei von dem Grundsatz ausgegangen wird, recht viel fertig zu schaffen; das ist aber durchaus tadelnswerth und vom technischen Standpunkt aus niemals zu billigen.

Im Anfang einer neuen Partie Wolle, die wieder anderes Material enthält als die vorhergehende, ist auf die Stellung des Wagenauszugs ganz besonders Bedacht zu nehmen. Der ganze Gang der Maschine muss dem Charakter der Wolle angepasst werden, ebenso wie bei der Hand- und Cylinderfeinspinnmaschine. Man möge daher in diesem Falle nicht verabsäumen, die Ursache des sich oft wiederholenden Fadenbruches, also das viele Reissen der einzelnen Faden beim Spinnen, zu ergründen. — Zu diesem Zweck lasse man mehrere Züge auf der Maschine machen. Sobald nun der Selfaktor in Ruhe und ausser Thätigkeit, untersuche und überzeuge man sich genau, warum die einzelnen Faden gerissen, wohlverstanden, ob die Faden vor oder hinter dem Cylinder der Maschine gerissen sind. Fallen die Faden hinten weg, so ist entweder das Vorgarn fehlerhaft, blasig und spitzig, oder der Faden hat zu viel Spannung zwischen dem Abtreibezeug und dem Cylinder, ein Umstand, welchem man sofort durch Aufsteckung eines entsprechenden Wechselrades, wovon eine grosse Anzahl vorhanden ist, abhelfen kann.

Auch im andern Falle, also wenn die Faden vor dem Cylinder reissen, halte man die beiden Enden eines gerissenen Fadens nebeneinander und prüfe genau, weshalb er gerissen ist. Gewöhnlich finden sich dann Stroh oder sonstige Unreinigkeiten als Ursache des Fadenbruches vor, ein Uebelstand, gegen den sich allerdings nichts thun lässt und den man mit in Kauf nehmen muss. Reissen aber wider Erwarten ganz gesunde Faden, immer in der Voraussetzung, dass das Vorgarn von tadelloser Beschaffenheit ist, dann liegt sicher der Fehler an der Stellung der Spinnmaschine im Allgemeinen und an der Regulirung des Wagenzuges im Besondern. Das Ausziehen des Wagens muss in diesem Falle ganz energisch in's Auge gefasst werden und seine mehr oder weniger schnelle oder langsame Gangart im Ausziehen des Fadens, so wie der Eintritt der zweiten und dritten Geschwindigkeit zur rechten Zeit, alle diese Momente müssen dann unter Berücksichtigung der Beschaffenheit des Materials in Betracht gezogen und geregelt werden, eine Arbeit, welche allerdings vollendete Sachkenntniss voraussetzt.

Nach Beseitigung dieser oder jener Uebelstände, die mehr oder weniger auf ganz unbedeutende Ursachen zurückzuführen sind, kann man ohne Frage auf dem Selfaktor einen schönen Faden Garn spinnen. Namentlich Kettengarne werden als Specialitäten auf diesen Maschinen gearbeitet, und das wird wohl immer so bleiben, mag Ringdrossel oder Spinnstuhl auch Konkurrenz machen, ganz abgesehen davon, dass bei der neuerdings wieder gesteigerten Leistungsfähigkeit des Selfaktors in einer bestimmten Arbeitszeit ein schönes Quantum Garn fertig zu schaffen ist. Auf die Gefahr hin, Widerspruch zu finden, ist die feste Ueberzeugung des Verfassers: Selfaktor bleibt Selfaktor;

denn er entspricht in Bezug auf Produktion und vollkommnes Arbeiten voll und ganz den Anforderungen der Neuzeit. Es ist hier der Ort, der Konstruktion desselben, wie er beispielsweise aus der Sächsischen Maschinenfabrik in Chemnitz hervorgeht, eine eingehende Besprechung zu widmen:

Dieser neueste Selfaktor, welcher in zwei Systemen ausgeführt wird und zwar mit der Hauptwelle parallel oder rechtwinklig zum Vorgarncylinder, weicht in seinen Einzelheiten von denen der ältern Konstruktionen ab, ist aber ebenso wie diese, von welchen in den verschiedenen Systemen ungefähr 3000 Stück im In- und Auslande Verwendung finden, mit der Betriebseinrichtung ausgerüstet, welche den Spindeln im Verlaufe des Wagenspieles drei verschiedene Geschwindigkeiten zutheilt. Diese drei Geschwindigkeiten werden bei dieser Maschine durch zwei Riemen und zwei Twistwirtel von verschiedenen Durchmessern erzeugt, können zum Zwecke des Zweimalspinnens, Surfilirens, oder zum Zwirnen in verschiedener Reihenfolge eintreten und werden beim gewöhnlichen Spinnen im Laufe eines Wagenspiels wiederholt angewendet, so dass dabei diese Maschine im Gegensatz zu der früheren Bauart, welche nur eine dreifache Geschwindigkeit gestattete, mit fünffacher Geschwindigkeit arbeitet.

Wir bezeichnen daher diese Spindelgeschwindigkeiten erstens der Grösse nach als kleinste, mittlere und grösste und zweitens der Reihenfolge nach, in welcher sie zur Wirkung gelangen, als erste, zweite, dritte, vierte und fünfte Geschwindigkeit.

Den Spinnprocess selbst beeinflussen nur die zweite, dritte und vierte — der Grösse nach kleinste, mittlere und grösste — Geschwindigkeit, während die erste und fünfte Geschwindigkeit — der Grösse nach mittlere — nur als Uebergangs- und Hülfsbewegungen dienen.

Die erste Geschwindigkeit, welche kurz vor beendigter Wageneinfahrt und zwar noch vor dem Umsteuern eintritt und auf 8 bis 12 cm der Wagenausfahrtlänge thätig ist, unterstützt zunächst noch den Quadranten im letzten Momente des Aufwindens, bewirkt dadurch das Aufschlagen des Fadens auf die Spindelspitze und ein rasches Lostreiben der Spindeln, bewerkstelligt aber auch das unmittelbare und doch sanfte Umkehren des Wagens von der Einfuhr- in die Ausfuhrbewegung, welcher

Umstand nicht nur auf den Wagengang, sondern auch auf die Produktion vortheilhaft einwirkt.

Die fünfte Geschwindigkeit vermittelt den Uebergang von der am Schlusse des Drahtgebens wirkenden grössten Geschwindigkeit zum Umkehren der Spindelbewegung — für das Abschlagen —, wodurch das letztere leicht und schnell ausgeführt wird. Die Dauer dieser Uebergangsbewegung ist von der Stellung der Riemengabel abhängig, durch welche der Riemen gezwungen ist, langsam von der Scheibe der grössten über diejenige der mittleren Geschwindigkeit auf die Losscheibe überzugehen.

Die Reihenfolge, sowie die Dauer der zweiten, dritten und vierten Spindelgeschwindigkeit wird vom Drehungszähler regulirt. Derselbe wird direkt von der Hauptwelle getrieben und kehrt nach dem Drahtgeben jedesmal in seine ursprüngliche Stellung zurück, wodurch Drehungsdifferenzen vollständig ausgeschlossen sind. Wenn trotzdem sich mehr oder weniger scharf gedrehte Stellen im Gespinnst vorfinden, so liegt die Schuld nicht an den ungleichen Drehungen der Spindeln oder an der Konstruktion der Maschine, sondern an dem ungleichmässigen Vorgespinnst.

In Folge der grossen Umdrehungsgeschwindigkeit der Hauptwelle ist zum Betrieb der Spindeltrommel im Mittelstück die Anwendung eines grösseren Wirtels möglich geworden. Die Twistschnur, sowie die schnelllaufenden Betriebsriemen brauchen dabei weit weniger gespannt zu sein, was ausser einer Kraftersparniss ein ganz präcises Arbeiten der Maschine zur Folge hat.

Zum Betriebe der Abschlag-, Einzugs- und Steuerwellen-Bremse dient eine Nebenwelle, welche durch einen besonderen Riemen vom Decken-Vorgelege aus betrieben wird und mit diesem beständig läuft. Durch diese Einrichtung bleiben die durch die wechselnde Thätigkeit der Bremsen entstehenden veränderlichen Kraftäusserungen ohne Einfluss auf die schnell rotirenden Theile der Hauptwelle.

Die Abschlagbremse kann dadurch, dass nach der grössten Spindelgeschwindigkeit vorübergehend die mittlere, fünfte eintritt, sofort nach dem Drahtgeben, also ohne besondere Aenderung, in Thätigkeit gesetzt werden. Die Hebel derselben stehen daher mit dem Riemenführer direkt in Verbindung und

zwar derart, dass sich die Bremse in dem Maasse bewegt, wie
der Riemen von der Festscheibe auf die Losscheibe geht, also
ganz allmählich greift, und erst dann zur vollen Wirkung kommt,

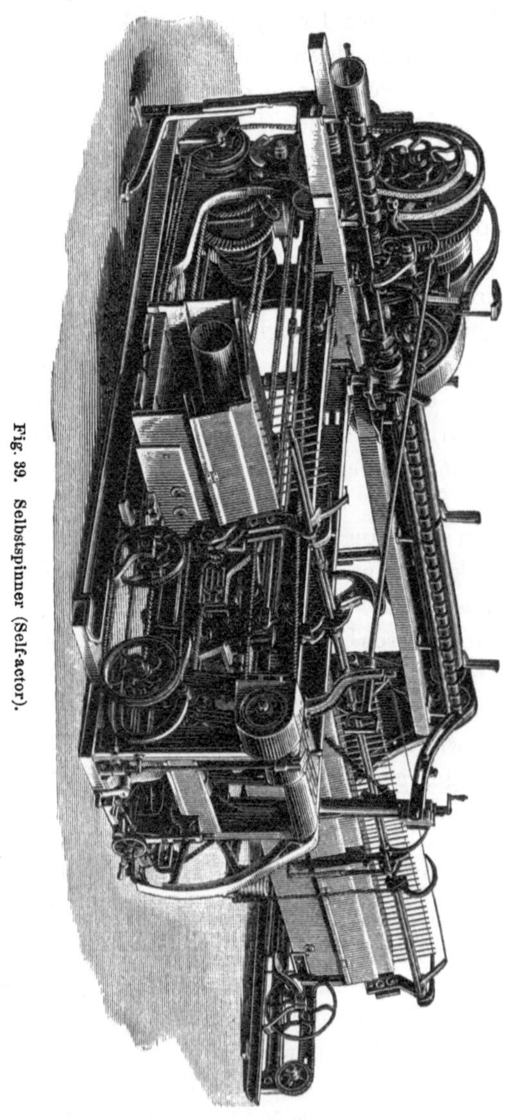

Fig. 39. Selbstspinner (Self-actor).

wenn der Riemen die Festscheiben vollständig verlassen hat.
Durch dieses allmähliche Eingreifen der Bremse werden die
Spindeln in ihrer Rechtsdrehung nach und nach aufgehalten

und sind dadurch alle Stösse vollständig beseitigt. Der Uebergang vom Drahtgeben zum Abschlagen ist dadurch und durch den grossen Trommelwirtel im Mittelstück, welcher noch obendrein behülflich ist, das Abschlagen zu erleichtern, auf die denkbar günstigste Weise bewirkt.

Die Steuer- oder Tempo-Welle wird statt der üblichen Zahnkuppelung mit einer Lederfriktionskuppelung angetrieben und ist insofern entlastet, als dieselbe verschiedene Umstellungen nicht selbstständig auszuführen, sondern nur zu sichern hat, was immerhin von grossem Werth ist.

Die Einzugsbremse wird am Schlusse der Einfahrt, nämlich vom Wagen selbst, ausgelöst, ist während der Ausfahrt von der Steuerwelle gesichert und wird darnach durch einen mit dem Mittelstück in Verbindung stehenden Hebel gehalten, welcher nach dem Abschlagen das Einsetzen der Bremse nur zwangläufig gestattet, wodurch dasselbe vollständig ohne Stoss und unter Schonung der betheiligten Organe vor sich geht.

Der Wagen, welcher mit dem Mittelstück desselben zusammen durch zweckmässig angebrachte, hölzerne und eiserne Kreuzverbindungen ein kompaktes Ganzes bildet, steht in der Mitte und an beiden Enden durch Zugschnecken und Schnüre mit einer sehr starken Wagenführungswelle in Verbindung. Diese Wagenwelle wird aber nicht wie bei andern Systemen vom Wagen gezogen, sondern wirkt bei der Ausfahrt wie bei der Einfahrt treibend auf denselben, unterstützt somit seine Bewegung und seine Funktionen. Der Wagengang ist dadurch und in Folge der Einwirkung der ersten Geschwindigkeit als Hülfsbewegung ein ganz vorzüglicher.

Die Aufwinderwelle ist des sicheren und egalen Aufwickelns wegen 27 mm stark und ausserdem mit einem 3 m langen, 32 mm starken Stücke versehen, welches über dem Mittelstück liegt und die wesentlichsten Bestandtheile, welche zum Aufwickelapparat gehören, enthält.

Die Abschlagvorrichtung im Mittelstücke, sowie der Quadranten-Regulator sind ebenfalls neu und funktioniren, wie bereits in der Praxis nachgewiesen, vollständig selbstständig und sicher ohne jede Beihülfe des Spinners.

Der Wagenrückgang befindet sich im Mittelstücke, wird von der Trommelwelle durch Schnecke und Räder angetrieben, arbeitet nur bis zum Schluss des Nachdrahts und entspricht in Bezug auf Geschwindigkeit und Rücklaufslänge — 120 mm — allen Anforderungen.

Ausser der zum Ein- und Ausrücken des Decken-Vorgelegs nöthigen Einrichtung besitzt die Maschine noch zwei andere Abstellvorrichtungen, durch welche der Selfaktor, ohne die erstere zu benutzen, entweder vor, während oder nach der Wagen-Einfahrt ausser Thätigkeit gesetzt werden kann.

Das Anhalten der Maschine vor oder während der Einfahrt geschieht dadurch, dass vom Vorderbock aus mittelst eines Handhebels die Einzugskupplung ausgehoben und gesichert wird. Das Stillstehen nach der Einfahrt kann von jeder beliebigen Stelle des Wagens aus durch Verschiebung einer längs der Maschine, dicht unter den Aufwindewellen hinlaufenden eisernen Stange bewerkstelligt werden, welche von derselben Länge ist wie diese. Dieser neueste, der Sächsischen Maschinenfabrik patentirte Selfaktor ist nach dem Vorstehenden und gemachten praktischen Erfahrungen allen andern Systemen weit überlegen. Seine Bewegungsorgane arbeiten, da dieselben entlastet sind, so weit es eben möglich ist, vollständig sicher, ohne jedweden Stoss und zudem ausserordentlich ruhig, so dass die Maschine im Stande ist, alle Einzelbewegungen mit einer weit grössern Geschwindigkeit und Sicherheit auszuführen und somit eine Leistungsfähigkeit zu erzielen, welche bisher noch von keiner andern Maschine erreicht worden ist.

Dieser Selfaktor darf daher ganz besonders für Streichgarnspinnerei und vorzugsweise für Kettengarne als eine der besten Konstruktionen gelten.

Endlich ist nicht unbemerkt zu lassen, dass auch in Bezug auf das Decken-Vorgelege, also diejenigen Wellen, Scheiben u. s. w., welche dazu dienen, die Maschine zu treiben und in Bewegung zu halten, nach Maassgabe der Beschaffenheit des Materials bei Aufstellung und Ingangsetzung der Selfaktoren genügend Rücksicht genommen werden muss. Für Mungomischungen und Kunstwollengarne, überhaupt bei kurzem, minderwerthigem Material, erfordert der Selfaktor ein langsameres, begrenzteres Tempo, während für mittlere und feine Wollen, vorzugsweise Kettendrehungen, eine ziemlich schnelle Gangart stattfindet.

Das Vorgelege hat, je nach Beschaffenheit des zur Verarbeitung kommenden Materials und der Wagenauszuglänge, 250 bis 290 Umdrehungen pro Minute. Dabei dauert das Abschlagen 1—1$^1/_2$ Sekunden, das Einfahren des Wagens 2$^1/_2$ bis 3 Sekunden. Die Maschine macht je nach der Dauer der Ausfahrt und des Nachdrahts resp. nach der Garnstärke und der Summe der Drehungen 2$^1/_2$—5 Auszüge pro Minute. Die Fest- und Losscheiben haben für gewöhnlich 325 mm Durchmesser und sind je 110 mm breit.

Der Spinnstuhl (Metier fixe). Es ist in der Einleitung darauf hingewiesen worden, dass die Jenny-Maschine, aus der sich Mule Jenny und Selfaktor entwickelt haben, später erfunden worden ist als die Water-Maschine Arkwright, aus deren Princip der Spinnstuhl hervorgegangen ist. Die grundsätzliche Eigenthümlichkeit zwischen beiden Systemen ist diese: Bei Water wird die Streckung durch Walzenpaare von beschleunigter Geschwindigkeit bewirkt und die Drehung erfolgt ursprünglich nur zwischen dem letzten Paar und der aufwindenden Spindel, bei Jenny wird ein Stück Vorgarn an einem Ende festgehalten, während das andere Ende, an der Spitze einer Spindel spielend, von dem ersten entfernt und so Streckung und Drehung meist gleichzeitig bewirkt wird. Bei Water finden Spinnen und Aufwinden gleichzeitig, bei Jenny abwechselnd statt. Da eine Maschine für gewöhnlich desto vollkommener gilt, je kontinuirlicher sie arbeitet, je mehr Bewegungen und Leistungen sie auf einmal zu vollziehen weiss, so ist Water in der Theorie das vollkommenere Princip, aber doch nur in der Theorie, wie die Thatsache erweist, dass Waterspindeln viel weniger in der Welt vorhanden sind als Mule-Spindeln und dass sich das Verhältniss noch fortwährend zu Gunsten der letzteren verschiebt. Gleichwohl nimmt auch das Water-Princip unausgesetzt seine Entwickelung. Mit Uebergehung des englischen Spinnstuhles, der Ringdrossel (Throstle), die in der Wollspinnerei wenig Boden gefasst hat, soll im Nachfolgenden derjenigen Konstruktion von Water ausführlicher gedacht werden, die in der Wollenspinnerei seither eine gewisse Bedeutung erlangt hat.

Das System der feststehenden Spinnstühle, welches wir dem leider zu früh verstorbenen Célestin Martin in Verviers zu danken haben, ist nicht neu. Ein Metier fixe war bereits auf der Wiener Weltausstellung 1873 im Gange zu sehen. Freilich

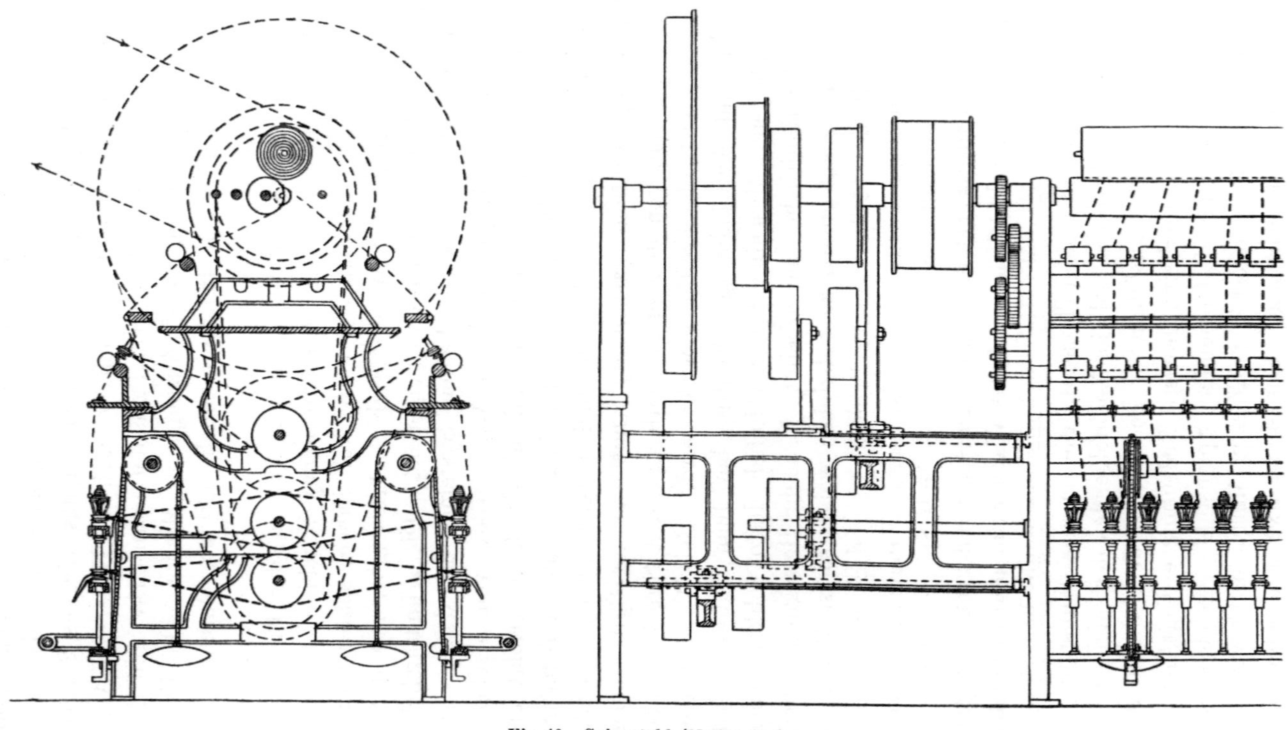

Fig. 40. Spinnstuhl (Metier fixe).

waren seine Bauart und seine Leistungen damals noch sehr mangelhafter Natur.

Heute sind sie wesentlich verbessert und werden sogar für Shoddy- und Unterschussgarne verwendet. So giebt es beispielsweise in Schweden und Dänemark grosse Spinnereien, welche ausschliesslich Spinnstühle im Gange haben; wir finden dort nur selten Selfaktor oder Mule Jenny. Die Leistungsfähigkeit beträgt bei starkem $^3/_4$ Alpaka-Unterschuss 200 Kilo pro Tag während einer 12 stündigen Arbeitszeit, der Spinnstuhl mit 200 Spindeln gerechnet.

Ein grosser, heute allerdings beseitigter Uebelstand war damals die sogenannte Ausgleichung der dünnen und dicken Faden. Dieser Gegenstand ist nicht blos interessant genug, um sich damit zu beschäftigen, er führt auch am besten in die Bekanntschaft mit dem Spinnstuhl ein.

Das Vorgarn hat beim Spinnstuhl 2 Cylinderpaare zu passiren, zwischen welchen dem Faden die zum Verzug nothwendige gelinde Drehung ertheilt wird. Das obere Cylinderpaar (Lieferanten) giebt in einem bestimmten Zeitraum für jeden einzelnen Faden ein bestimmtes Quantum Vorgarn her, während das untere Cylinderpaar (Strecker) in dem gleichen Zeitraum eine bestimmte Menge Garn fertigstellt. Diese Länge ausgezogenes Garn beträgt dem Vorgarn gegenüber so viel mehr, als das Streckungsverhältniss bestimmt und an der feststehenden Spule aufgewickelt und abgeliefert wird. Das untere Cylinderpaar hat behufs Auszugs der Faden einen den Streckungsverhältnissen entsprechend schnelleren Gang, je nach Beschaffenheit des Materials. Da nun die Umdrehungen der Spindeln ganz egal, aber eine Ausgleichung der dünnen und dicken Stellen im Vorgarn beim Ausziehen nicht nur wünschenswerth, sondern nöthig ist, so sind über dem Vordrehungswirtel an jedem einzelnen Faden sogenannte Regulateure, das sind kleine Hindernisse, angebracht, welche selbstthätig den starken Faden mehr als den schwachen hindern und im Uebrigen ganz unabhängig von einander funktioniren. Hierdurch wird nun allerdings im gewissen Sinne eine Ausgleichung der ungleichen Stellen bewirkt, und hierin beruht der Vorzug des neuerdings wesentlich verbesserten Spinnstuhles von Célestin Martin.

Eine grössere Leistungsfähigkeit des feststehenden Spinnstuhles gegenüber den andern Systemen ist bei gleich grosser Spindelzahl nicht in Abrede zu stellen. Der gesponnene Faden wird ununterbrochen auf die Spule aufgewickelt, während bei allen andern Systemen älterer Konstruktion das Zudrehen und Aufwinden des Fadens einen grossen Theil der Arbeitszeit absorbirt. Nicht unerwähnt ist zu lassen, dass in Folge der schnellen Bewegung der Spindeln, also der grossen Geschwindigkeit derselben, die Faden sehr oft reissen, und dass die am Spinnstuhl beschäftigten Arbeiter mitunter vollauf zu thun haben, um die gerissenen Faden wieder anzumachen. Da diese Arbeit (Fadenanmachen) nur von solchen Personen ausgeführt werden kann, welche die erforderliche Gewandtheit und Fingerfertigkeit dazu besitzen, so empfiehlt es sich, Kinder dabei zu verwenden und nicht erwachsene Personen. Einmal ist diese Arbeit für erwachsene Personen nicht lohnend, und dann sind auch diese kleinen Kinderfinger für diese Beschäftigung viel geschickter und geeigneter als die Hände Erwachsener.

Während bei der Mule Jenny und beim Selfaktor die Spindeln und jeder einzelne Wagenzug eine bestimmte Menge einzelner Bewegungen machen, wodurch nach Beendigung dieser Funktionen gewissermaassen ein Stillstand dieser Funktionen bedingt ist, sind die Spindeln am Metier fixe und alle andern Theile in ununterbrochener Bewegung und Thätigkeit. Es tritt also hierbei keine Störung ein, und der Spinnprocess erleidet keine Unterbrechung.

Durch diesen Umstand, also durch das immerwährende Spinnen, wäre man, wie oben schon bei Besprechung des Princips erörtert, zu der Annahme berechtigt, dass die Leistungsfähigkeit eines Spinnstuhles eine relativ grössere sein müsse als die der Mule Jenny. Demgegenüber haben sich aber in der Praxis andere Uebelstände gefunden.

Das Abziehen und Aufstecken der vollgesponnenen Spulen nimmt zweimal soviel, unter Umständen noch mehr Zeit in Anspruch als beim Selfaktor. Selbst die geübtesten Hände sind nicht im Stande, diese Manipulation in einem kürzeren Zeitraum zu vollenden. Es ist das in der That ein grosser Uebelstand, der sich namentlich bei ganz starken Gespinnsten, wie z. B. Unterschussgarnen, geltend macht, die Leistungsfähigkeit also wesentlich beeinträchtigt und deshalb zu Ungunsten des Spinnstuhles spricht. Um seine Produktion zu vermehren, würde es sich empfehlen, nur feinere Garne, Kettengarne, in grossen Partien, wobei sich ein Abspinnen und Anfangen nicht zu oft wiederholt, auf dem Metier fixe zu spinnen. Die Arbeit des Abziehens und Aufsteckens wiederholt sich dann nicht so oft wie bei starken Garnnummern, wo die Spulen alle Augenblicke vollgelaufen sind. Schuss auf dem Spinnstuhl zu arbeiten, ist nicht zu rathen. Einmal gewährt der Spinnstuhl nicht wie andere Spinnmaschinen die Möglichkeit, sehr lose zu spinnen, und wo dies bei einem Schussgespinnst nicht nothwendig ist, da hindert ein anderes, sehr wichtiges Bedenken an der Verwendung des Spinnstuhles zu Schuss. Auf dem Selfaktor ist man nach vieler Mühe und unter grossen Schwierigkeiten endlich dahin gelangt, auf Blechpfeifen zu wickeln, die direkt in den Webschützen eingelegt werden können. Diese Möglichkeit besteht beim Spinnstuhl nicht.

Neuerdings ist der Spinnstuhl wesentlich umgeändert und verbessert worden, so dass nur Lobenswerthes darüber zu berichten ist. Viele bisherigen Mängel und Uebelstände sind nach und nach beseitigt worden, so dass man selbst minderwerthiges und klettiges Material darauf arbeiten kann. Auch in Bezug auf Kraftbedarf ist zu konstatiren, dass die heute von Célestin Martin gebauten Spinnstühle viel leichter gehen und weniger Kraft gebrauchen als früher. Es verdient auch hervorgehoben zu werden, dass ein Metier fixe weniger Raum einnimmt als ein Selfaktor bei gleicher Spindelzahl. Endlich ist die Bedienung eine einfachere und billigere.

Als Gesammturtheil wäre auszusprechen, dass die Anschaffung von Spinnstühlen in grösseren Spinnereien am Platze ist, namentlich wo grosse, gleichmässige Partien gesponnen werden. Dagegen ist für kleinere Fabriken, wo mit den Partien oft gewechselt und bald Kette und bald Schuss gesponnen wird, die Anschaffung nicht zu empfehlen. In neuerer Zeit scheint die kontinuirlich wirkende Drosselspindel von Ernst Gessner in Aue, Sachsen, berufen, einen hervorragenden Platz in der Spinnerei einzunehmen. Die umstehenden Skizzen (Fig. 41) vermitteln eine klare Anschauung davon und erläutern die Fadenführung so genügend, dass es keiner weiteren Erklärung bedarf.

Am Schlusse dieser Ausführungen will Verfasser nicht unterlassen, auf folgenden Umstand hinzuweisen: Es ist Thatsache, dass die lokalen Verhältnisse nur selten gestatten, Spinnstühle und Selfaktoren parterre zu stellen, weil beide Maschinen einen

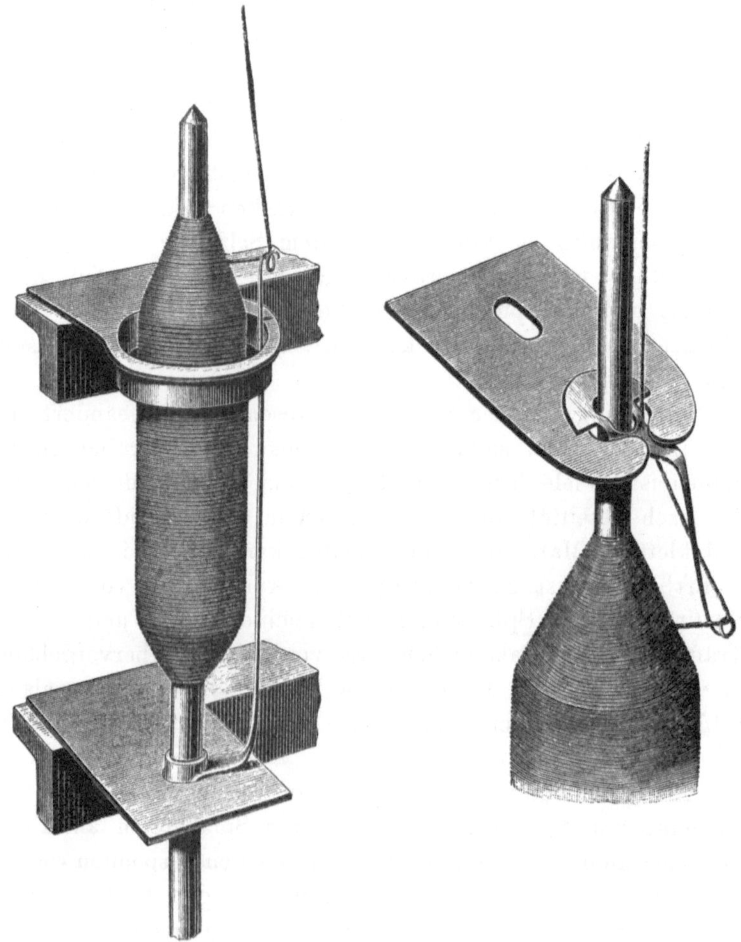

Fig. 41. Kontinuirlich wirkende Spindel von Ernst Gessner in Aue, Sachsen.

verhältnissmässig grossen Raum einnehmen, den man im Parterre sehr dringend für solche Maschinen bedarf, die unbedingt nur zu ebener Erde aufgestellt werden können. Trotz ihres grossen Gewichtes sieht man sich deshalb genöthigt, diese Maschine zumeist in den oberen Stockwerken unterzubringen.

In Folge der starken Belastung treten nach einer Reihe von Jahren unvermeidliche Veränderungen und Senkungen der Fussböden ein, auf denen die Maschinen ruhen, welche nicht ohne nachtheiligen Einfluss auf den Gang und die Funktionen dieser an sinnreichen und feinen Konstruktionen reichen Spinnmaschinen bleiben und, wenn sie nicht sofort bemerkt, denselben viel Schaden machen können. Die einzelnen, sonst mit der grössten Genauigkeit arbeitenden Theile der Maschine verlieren damit ihre leichte spielende Gangart und werden gewaltsam in gezwungene Stellungen gedrängt.

Es ist somit empfehlenswerth, Metier fixe sowohl als Selfaktor nach Verlauf einer bestimmten Zeit, vielleicht nach zwei Jahren, einer sorgfältigen Kontrolle zu unterwerfen, selbst auf die Gefahr, die ganze Maschine demontiren zu müssen. Das ist jedenfalls besser, als jahrelang ununterbrochen in dem eben beschriebenen desolaten Zustande weiter zu arbeiten.

Der geeignete Zeitpunkt dazu dürfte dann eintreten, wenn in der Fabrikation die sogenannte Saison zu Ende geht, oder in Folge schlechten unlohnenden Geschäftsganges oder längerer wirthschaftlicher Krisen die Produktion überhaupt eingeschränkt wird, Perioden, welche leider manchmal länger anhalten, als dem Fabrikanten lieb ist.

Es hilft über solche bänglichen Zustände hinweg, wenn man aus der Noth eine Tugend macht und für die bessere Zeit, welche nach der schlechten selten ausbleibt, das Rüstzeug wieder in den besten Zustand setzt, um dann mit vollen Kräften frisch darauf los arbeiten zu können.

In einer gut geleiteten Spinnerei versteht sich das eigentlich von selbst; denn jeder Spinner und Meister, der nur einigermaassen mit dem Wesen und Zusammenhang dieser ingeniösen Maschinerie vertraut ist, wird pflichtmässig darauf halten, dass Alles so geschieht, wie hier angegeben.

Wenn diese Vorschriften befolgt werden, auch die Reinhaltung der Maschinen unausgesetzt nicht ausser Acht gelassen wird und zwar so, wie oben bei anderem Anlass weitläufig auseinandergesetzt ist, dann kann man Freude an den Maschinen haben. Leider wird nur zu oft mit solchen Ausführungen und gutgemeinten Rathschlägen tauben Ohren gepredigt, und es giebt Spinnereien, welche solange mit unsorgfältig gehaltenen Ma-

schinen arbeiten, bis diese schliesslich vor lauter Schmutz und
Kleister von selber stehen bleiben.

Andrerseits giebt es auch viele Fabriken, welche so geleitet werden, dass es dem Fachmann nicht nur, sondern auch
dem Laien eine wahre Freude bereitet, zu sehen, wie die Maschinen gepflegt und geschont werden. Verfasser wäre in der
Lage, Spinnereien zu nennen, bei denen der vielen Fachgenossen
bekannte tüchtige Monteur Riedel (seligen Angedenkens) aus
der Sächsischen Maschinenfabrik in Chemnitz Selfaktoren montirt hat, die heute noch so neu wie vor 15 Jahren aussehen,
trotzdem sie ununterbrochen Jahr aus Jahr ein in Thätigkeit gewesen sind.

Schlusswort.

Sollte der Leser bei aufmerksamem Lesen dieses Buches zu der Beobachtung gelangen, dass nicht mit voller Entschiedenheit dem einen System vor dem andern der Vorzug ertheilt, die eine Konstruktion auf Kosten der andern herabgesetzt, sondern eher eine mittlere Linie in der Vertheilung von Lob und Tadel eingehalten worden ist, so wolle er die Erklärung solchen Verhaltens in Folgendem finden: Je länger ein Praktiker im thätigen Leben steht, das Gute prüft und das Beste behält, um so mehr überzeugt er sich davon, dass es des Guten sehr viel giebt und es gerechter Weise sehr schwer ist, etwas für das Beste zu erklären.

Jede der in vorstehendem Kapitel genannten Konstruktionen, sei es Cylinderfeinspinnmaschine, Selfaktor oder Spinnstuhl, hat ihre Licht- und Schattenseiten, und man darf billiger Weise von Jemand, der nicht zum Zweck der Empfehlung bestimmter Maschinen schreibt, sondern ohne verstimmende Absicht sich um Thatsächlichkeit und Wahrheit bemüht, nichts anderes erwarten, als dass er Vorzüge und Nachtheile gegeneinander abwägt und für den Leser alles in ein solches Licht rückt, dass dieser sich für seinen besonderen Fall selbst einen Vers daraus machen kann.

Verfasser ist der Meinung, dass wenn seine Auseinandersetzungen in manchem Betracht vielleicht hinter den Erwartungen zurückgeblieben sein sollten, welche der lerneifrige Leser darauf gesetzt, doch überall der Praktiker hervorgetreten sein wird, dessen Rathschläge einen bescheidenen Werth besitzen und der von dem Wunsche beseelt ist, die Erfahrungen eines arbeitsreichen Lebens den Fachgenossen zu Nutze zu machen. Und wenn durch die ganze Anlage und die Durchführung des Buches

nichts anderes erreicht ist, als dem Spinner die Wahrheit ein-
dringlich zu predigen, dass die Krempeln die Hauptsache der
Spinnerei sind und ohne egales und tadelloses Vorgespinnst mit
den besten Spinnmaschinen kein guter Faden Garn zu spinnen
ist, so will Verfasser damit sich gern als mit einem ihm am Herzen
liegenden Erfolge bescheiden. Er hofft, dass es ihm vielleicht
auch gelungen sein wird, den Leser für die hohen Leistungen
des unablässig schaffenden Menschengeistes zu erwärmen, welche
auch auf diesem Gebiet entfaltet sind, zugleich aber auch für
die Wahrheit, dass, wie alles Wissen Stückwerk, so auch alles
Können unvollkommen ist, und dass keine noch so grosse Verbesserung auch in der Spinnerei existirt, die nicht noch der
weiteren Ausbildung und Verbesserung fähig wäre. So gross
die Leistungen der Vergangenheit sind, zu allen Zeiten wird
dem strebsamen Menschen die Möglichkeit gewahrt sein, dem
angesammelten Guten noch Besseres hinzuzufügen.

Anhang.

1. Tabelle für das Maass von Shoddy-Gespinnsten.

Der Berliner Haspel für Shoddygarne läuft abweichend von dem gewöhnlichen Berliner Stückhaspel nur 2000 Ellen = 1333$^1/_3$ Meter. Gewichtseinheit ist das Zollpfund oder halbe Kilo = 500 Gramm. Hiernach ergeben sich folgende Garnlängen:

$^1/_4$	Stück soll laufen	333$^1/_3$	Meter	=	Ellen	500
$^3/_8$	-	-	-	500	-	-	-	750
$^1/_2$	-	-	-	666$^2/_3$	-	-	-	1000
$^5/_8$	-	-	-	833$^1/_3$	-	-	-	1250
$^3/_4$	-	-	-	1000	-	-	-	1500
$^7/_8$	-	-	-	1166$^2/_3$	-	-	-	1750
1	-	-	-	1333$^1/_3$	-	-	-	2000
1$^1/_4$	-	-	-	1666$^2/_3$	-	-	-	2500
1$^3/_8$	-	-	-	1833$^1/_3$	-	-	-	2750
1$^1/_2$	-	-	-	2000	-	-	-	3000
1$^3/_4$	-	-	-	2333$^1/_3$	-	-	-	3500
2	-	-	-	2666$^2/_3$	-	-	-	4000
2$^1/_4$	-	-	-	3000	-	-	-	4500
2$^1/_2$	-	-	-	3333$^1/_3$	-	-	-	5000
3	-	-	-	4000	-	-	-	6000
3$^1/_4$	-	-	-	4333$^1/_3$	-	-	-	6500
3$^1/_2$	-	-	-	4666$^2/_3$	-	-	-	7000
4	-	-	-	5333$^1/_3$	-	-	-	8000
4$^1/_2$	-	-	-	6000	-	-	-	9000
5	-	-	-	6666$^2/_3$	-	-	-	10000

2. Die gebräuchlichsten Garn-Maasse.

Einleitung. Trotz der zuerst bei Gelegenheit der Wiener Weltausstellung (1873) gegebenen Anregung zur Einführung einheitlicher Garnnumerirung und trotz mehrfacher Anstrengungen in späteren Versammlungen von Textil-Industriellen (Brüssel 1874 etc.), um zu internationalen Vereinbarungen in diesem wichtigen Punkte zu gelangen, ist das Ziel bisher nicht erreicht worden, und es bestehen noch eine grosse Anzahl verschiedener Garnhaspel, von denen die wichtigsten nachstehend nebeneinander gestellt sind.

Zur Erläuterung diene Folgendes:

Vorgeschlagen war, für alle Textilindustrien eine Garnnumerirung anzunehmen, welche besagte, wieviel von einer Längeneinheit eine bestimmte Gewichtseinheit wiegt. Es sollte also, da das zu wählende internationale System nur auf metrischem Maass und Gewicht fussen konnte, die Garn-Nummer besagen, wieviel Meter auf ein Gramm gehen. Da weitaus die meisten bestehenden Garnhaspel Längen-Nummern hatten und nur die Seide einerseits und die Jute (schottische Numerirung) andererseits Gewichts-Nummern anwandten, bei welchen die Nummer ausdrückt, wieviel Gewichtseinheiten eine bestimmte Fadenlänge wiegt, so hoffte man, in der metrischen Längen-Nummer das einigende Garnmaass gefunden zu haben. Diese Hoffnung schlug indessen fehl, weil die Jute ihre starken Nummern durch einen Bruch, die Seide ihre feinen und hochfeinen Nummern durch sehr hohe Zahlen hätte ausdrücken müssen. Aus diesem Grunde haben sich diese beiden Textilbranchen abseits gehalten, während die andern die metrische Längen-Nummer zwar angenommen, indessen noch nicht allgemein eingeführt haben. Nach wie vor beherrscht der unpraktische englische Haspel den Markt in Garnen (namentlich Baumwollen- und Kammgarn), und es ist vorauszusehen, dass hierin erst dann eine Aenderung eintreten wird, wenn England zum metrischen Maass- und Gewichtssystem übergegangen sein wird, womit es noch gute Wege hat. Deshalb muss wohl oder übel mit verschiedenen Garnhaspeln gerechnet werden, und die nachstehende Tabelle hat zum Zweck, eine bequeme Vergleichung der gebräuchlichsten Garn-Nummern mit der metrischen Längen-Nummer zu ermöglichen.

Nr. 1 der Tabelle ist die vereinbarte internationale Garn-Nummer, welche besagt, wieviel Meter ein Gramm oder, was dasselbe ist, wieviel tausend Meter 1 Kilogramm wiegen. Ein Strähn läuft tausend Meter. Nr. 1 und einsträhnig sind also gleichbedeutend. Diese metrische Garn-Nummer ist im Nachfolgenden mit m bezeichnet. Die allgemeine Formel, um eine beliebige andere Längen-Nummer in die metrische Nummer umzuwandeln, ist

$$n \cdot \frac{e}{g} = m ,$$

wo n die Nummer, e die in Meter umgewandelte Längeneinheit des betr. Garnhaspels, g die in Gramm umgewandelte Gewichtseinheit desselben darstellt.

Nr. 2 ist der alte, in den östlichen Provinzen und im Besonderen in Berlin eingeführte Stück-Haspel. Längen-Einheit 1 Stück von 2160 Berl. Ellen = 1440 m bezogen auf 1 altes preussisches Pfund = 467,71 Gramm als Gewichtseinheit oder (was annähernd dasselbe) Längen-

Einheit 1 Stück von 2200 berl. Ellen $= 1466,6$ m bezogen auf 1 Zoll-Pfund $= 500$ Gramm. Umrechnungsformel:

$$\frac{n \cdot 1440}{467,71} = m \text{ resp. } \frac{n \cdot 1466,6}{500} = m,$$

somit

$$m = 3,08\,n \text{ resp. } = 2,93\,n$$

$$n = \frac{m}{3,08} \text{ resp. } = \frac{m}{2,93}.$$

(Der Tabelle liegt der letzte Satz zu Grunde; unter Cockerill'schem Haspel versteht man einen Strähn von $^2/_3$ der obigen Länge, also 1440 Berl. Ellen bezogen auf das alte preussische oder auf das Zoll-Pfund.)

Nr. 3 ist der in Sachsen übliche Garnhaspel. Längen-Einheit 1 Zahl von 440 m bezogen auf ein Zoll-Pfund $= 500$ Gramm als Gewichts-Einheit. Umrechnungsformel:

$$\frac{n \cdot 440}{500} = m,$$

somit $m = 0,88\,n$ und $n = 1,136\,m$.

Nr. 4 ist der Haspel für englische Wollengarne. Längen-Einheit 1 Hank von 560 Yards $= 512$ m bezogen auf ein englisches Pfund $= 453,59$ Gramm. Umrechnungsformel:

$$\frac{n \cdot 512}{453,59} = m,$$

somit $m = 1,288\,n$ und $n = 0,88592\,m$.

Nr. 5 ist der Haspel für englische Baumwollengarne. Längen-Einheit 1 Hank von 840 Yards $= 768$ m bezogen auf ein englisches Pfund $= 453,59$ Gramm. Umrechnungsformel:

$$\frac{n \cdot 768}{453,59} = m,$$

somit $m = 1,6932\,n$ und $n = 0,59062\,m$.

Nr. 6 ist der in Oesterreich gebräuchliche, sogenannte Wiener Haspel. Längen-Einheit 1 Strang $= 1760$ Wiener Ellen $= 1371,4$ m bezogen auf 1 Wiener Pfund $= 560,01$ Gramm. Umrechnungsformel:

$$\frac{n \cdot 1371,4}{560,01} = m,$$

somit $m = 2,4489\,n$ und $n = 0,40836\,m$.

Nr. 7 ist der in der Leinen-Branche gebräuchliche Haspel. Längen-Einheit 1 Strang $= 360$ Yards $= 329,2$ gerechnet 330 m, bezogen auf ein Einheitsgewicht von 550 Gramm. Umrechnungsformel:

$$\frac{n \cdot 330 \text{ (genau } 329,2)}{550} = m,$$

somit annähernd $m = 0,6\,n$ und $n = 1,666\,m$.

Nr. 8 (in der Tabelle nicht vertreten, weil Nr. 7 sehr nahekommend) ist der in der Jute-Branche in England (nicht in Schottland) gebräuchliche Haspel. Längen-Einheit 1 Lea $= 300$ Yards $= 274{,}3$ m bezogen auf 1 englisches Pfund $= 453{,}59$ Gramm. Umrechnungsformel:

$$\frac{n \cdot 274{,}3}{453{,}59} = m,$$

somit $m = 0{,}60473\,n$ und $n = 1{,}6537\,m$.

Nr. 9 (in der Tabelle nicht vertreten), die schottische Jute-Garn-Nummer, ist eine Gewichtsnummer, welche die englischen Pfunde (zu 453,59 Gramm) zählt, die 1 Spyndle (gesprochen Speindel) von 14400 Yards $= 13167$ m wiegt. Je feiner das Garn, desto kleiner die Nummer also. Umrechnungsformel:

$$\frac{e}{n\,g} = m, \quad \text{demnach} \quad \frac{13167}{n \cdot 453{,}59} = m\,;$$

$$m = \frac{29{,}029}{n} \quad \text{und} \quad n = \frac{29{,}029}{m}.$$

Nr. 10 (in der Tabelle nicht vertreten) der internationale Seiden-haspel, ist gleichfalls eine Gewichts-Nummer, welche die Zehntel-Gramme (Decigramme) zählt, die 1000 Meter wiegen. Umrechnungsformel wie bei 9, demnach

$$\frac{1000}{n \cdot 0{,}1} = m\,; \quad m = \frac{10000}{n} \quad \text{und} \quad n = \frac{10000}{m}.$$

NB! Ausser dieser Titrirung der Seide existiren noch verschiedene ältere Titrirungsarten. Ursprünglich bestand das Verfahren darin, einen Faden von 9600 aunes (zu 119 cm) Länge mit Deniers zu wiegen, deren 384 auf ein altes französisches Pfund gingen (1 Pfund $= 16$ Unzen zu 24 Deniers zu 24 Gran) und die Nummer durch die Zahl der Deniers zu bestimmen. Später vereinfachte man das Verfahren und wog $\frac{1}{24}$ der Länge des Fadens, also 400 aunes ($= 476$ m) mit Gran, also Vierund-zwanzigstel von Deniers. Die Garn-Nummer blieb somit dieselbe; doch behielt man den Namen Deniers als Bezeichnung des Titres bei. Da einem „Gran" (franz. grain) aber verschiedene Werthe beigelegt wurden (1 grain in Frankreich $= 0{,}05311$ Gramm, in Piemont $= 0{,}05336$, in der Lombardei $= 0{,}05110$), so bildeten sich 3 verschiedene Titrirungs-methoden heraus, die bis 1875 nebeneinander bestanden, nämlich in Frankreich Fadenlänge 500 m, Gewichtseinheit 0,05311 Gramm, in Italien und der Schweiz Fadenlänge 450 m, Gewichtseinheit 0,05 Gramm, in Deutschland (alter Turiner Haspel) Fadenlänge 476 m, Gewichtseinheit 0,05336 Gramm. Diese Verschiedenheiten sind bestimmt, wie oben durch die internationale Gewichtsnummer ausgeglichen zu werden, bestehen aber gleichwohl noch, da die Neuerung keineswegs überall ange-nommen ist.

———

Alle gezwirnten Garne laufen im Allgemeinen je nach Draht 1 bis 4 Procent kürzer als einfache Garne.

Vergleichende Tabelle der gebräuchlichsten Garn-Maasse*).

Folgende Garnnummern haben bei gleichem Gewicht gleiche Länge:

No. 1 Internationaler metrischer Strähn	No. 2 Stückig No. für Streichgarn	No. 3 Zählig sächs. Garn No.	No. 4 Englisch No. für Wollgarne, Wefts etc.	No. 5 Englisch No. für Baumwollg., Twiste	No. 6 Wiener No. für Wollgarn	No. 7 No. für Leinen-Garne
0,1	0,03	0,11	0,09	0,06	0,04	0,17
0,2	0,07	0,23	0,18	0,12	0;08	0,33
0,3	0,10	0,34	0,27	0,18	0,12	0,50
0,4	0,14	0,45	0,35	0,24	0,16	0,67
0,5	0,17	0,57	0,44	0,30	0,20	0,84
0,6	0,21	0,68	0,53	0,35	0,25	1,00
0,7	0,24	0,79	0,62	0,41	0,29	1,17
0,8	0,27	0,91	0,71	0,47	0,33	1,34
0,9	0,31	1,02	0,80	0,53	0,37	1,50
1	0,34	1,14	0,89	0,59	0,41	1,67
1,25	0,43	1,42	1,11	0,74	0,51	2,09
1,50	0,51	1,70	1,33	0,89	0,61	2,51
1,75	0,60	1,99	1,55	1,03	0,71	2,92
2	0,68	2,27	1,77	1,18	0,82	3,34
2,25	0,77	2,56	1,99	1,33	0,92	3,76
2,50	0,85	2,84	2,21	1,48	1,02	4,18
2,75	0,94	3,13	2,44	1,62	1,12	4,59
3	1,02	3,41	2,66	1,77	1,23	5,01
3,25	1,11	3,69	2,88	1,92	1,33	5,43
3,50	1,19	3,98	3,10	2,07	1,43	5,85
3,75	1,28	4,26	3,32	2,21	1,53	6,27
4	1,36	4,55	3,54	2,36	1,63	6,68
4,25	1,45	4,83	3,76	2,51	1,74	7,10
4,50	1,53	5,11	3,99	2,66	1,84	7,52
4,75	1,62	5,40	4,21	2,81	1,94	7,94
5	1,70	5,68	4,43	2,95	2,04	8,35

*) Mit Erlaubniss des Herrn Verfassers dem Tabellenwerk des Herrn C. Kempf, Berlin O., Grüner Weg No. 110 entnommen.

No. 1 Internationaler metrischer Strähn	No. 2 Stückig No. für Streichgarn	No. 3 Zählig sächs. Garn No.	No. 4 Englisch No. für Wollgarne, Wefts etc.	No. 5 Englisch No. für Baumwollg., Twiste	No. 6 Wiener No. für Wollgarn	No. 7 No. für Leinen-Garne
5,25	1,79	5,97	4,65	3,10	2,14	8,77
5,50	1,87	6,25	4,87	3,25	2,25	9,19
5,75	1,96	6,53	5,09	3,40	2,35	9,61
6	2,05	6,82	5,31	3,54	2,45	10,03
6,25	2,13	7,10	5,54	3,69	2,55	10,44
6,50	2,22	7,39	5,76	3,84	2,65	10,86
6,75	2,30	7,67	5,98	3,99	2,76	11,28
7	2,39	7,95	6,20	4,13	2,86	11,70
7,25	2,47	8,24	6,42	4,28	2,96	12,11
7,50	2,56	8,52	6,64	4,43	3,06	12,53
7,75	2,64	8,81	6,86	4,58	3,16	12,95
8	2,73	9,09	7,09	4,72	3,27	13,37
8,25	2,81	9,38	7,31	4,87	3,37	13,78
8,50	2,90	9,66	7,53	5,02	3,47	14,20
8,75	2,98	9,94	7,75	5,17	3,57	14,62
9	3,07	10,23	7,97	5,31	3,68	15,04
9,25	3,15	10,51	8,19	5,46	3,78	15,46
9,50	3,24	10,80	8,42	5,61	3,88	15,87
9,75	3,32	11,08	8,64	5,76	3,98	16,29
10	3,41	11,36	8,86	5,91	4,08	16,71
10,25	3,49	11,65	9,08	6,05	4,19	17,13
10,50	3,58	11,93	9,30	6,20	4,29	17,54
10,75	3,66	12,22	9,52	6,35	4,39	17,96
11	3,75	12,50	9,74	6,50	4,49	18,38
11,25	3,83	12,78	9,97	6,64	4,59	18,80
11,50	3,92	13,07	10,19	6,79	4,70	19,21
11,75	4,00	13,35	10,41	6,94	4,80	19,63
12	4,09	13,64	10,63	7,09	4,90	20,05
12,25	4,17	13,92	10,85	7,23	5,00	20,47
12,50	4,26	14,20	11,07	7,38	5,10	20,89
12,75	4,34	14,49	11,29	7,53	5,21	21,30
13	4,43	14,77	11,52	7,68	5,31	21,72
13,25	4,52	15,06	11,74	7,82	5,41	22,14
13,50	4,60	15,34	11,96	7,97	5,51	22,56
13,75	4,69	15,63	12,18	8,12	5,61	22,97
14	4,77	15,91	12,40	8,27	5,72	23,39
14,25	4,86	16,19	12,62	8,42	5,82	23,81
14,50	4,94	16,48	12,84	8,56	5,92	24,23
14,75	5,03	16,76	13,07	8,71	6,02	24,64

No. 1 Internationaler metrischer Strähn	No. 2 Stückig No. für Streichgarn	No. 3 Zählig sächs. Garn No.	No. 4 Englisch No. für Wollgarne, Wefts etc.	No. 5 Englisch No. für Baumwollg., Twiste	No. 6 Wiener No. für Wollgarn	No. 7 No. für Leinen-Garne
15	5,11	17,05	13,29	8,86	6,13	25,06
15,25	5,20	17,33	13,51	9,00	6,23	25,48
15,50	5,28	17,61	13,73	9,15	6,33	25,90
15,75	5,36	17,90	13,95	9,30	6,43	26,32
16	5,45	18,18	14,17	9,45	6,53	26,73
16,25	5,54	18,46	14,39	9,60	6,64	27,15
16,50	5,62	18,75	14,62	9,74	6,74	27,57
16,75	5,71	19,03	14,84	9,89	6,84	27,99
17	5,80	19,32	15,06	10,04	6,94	28,40
17,25	5,88	19,60	15,28	10,19	7,04	28,82
17,50	5,97	19,89	15,50	10,33	7,15	29,24
17,75	6,05	20,17	15,72	10,48	7,25	29,66
18	6,14	20,45	15,94	10,63	7,35	30,07
18,25	6,22	20,74	16,17	10,78	7,45	30,49
18,50	6,31	21,02	16,39	10,92	7,55	30,91
18,75	6,39	21,31	16,61	11,07	7,66	31,33
19	6,48	21,59	16,83	11,22	7,76	31,75
19,25	6,56	21,87	17,05	11,37	7,86	32,16
19,50	6,65	22,16	17,27	11,52	7,96	32,58
19,75	6,73	22,44	17,49	11,66	8,06	33,00
20	6,82	22,73	17,72	11,81	8,17	33,42
20,25	6,90	23,01	17,94	11,96	8,27	33,83
20,50	6,99	23,30	18,16	12,11	8,37	34,25
20,75	7,07	23,58	18,38	12,25	8,47	34,67
21	7,16	23,86	18,60	12,40	8,58	35,09
21,25	7,24	24,15	18,82	12,55	8,68	35,50
21,50	7,33	24,43	19,04	12,70	8,78	35,92
21,75	7,41	24,72	19,27	12,85	8,88	36,34
22	7,50	25,00	19,49	12,99	8,98	36,76
22,25	7,58	25,28	19,71	13,14	9,09	37,18
22,50	7,67	25,57	19,93	13,29	9,19	37,59
22,75	7,75	25,85	20,15	13,43	9,29	38,01
23	7,84	26,14	20,37	13,58	9,39	38,43
23,25	7,92	26,42	20,60	13,73	9,49	38,85
23,50	8,01	26,70	20,82	13,88	9,60	39,26
23,75	8,09	26,99	21,04	14,03	9,70	39,68
24	8,18	27,27	21,26	14,17	9,80	40,10
24,25	8,26	27,56	21,48	14,32	9,90	40,52
24,50	8,35	27,84	21,70	14,47	10,00	40,93

No. 1 Internationaler metrischer Strähn	No. 2 Stückig No. für Streichgarn	No. 3 Zählig sächs. Garn No.	No. 4 Englisch No. für Wollgarne, Wefts etc.	No. 5 Englisch No. für Baumwollg., Twiste	No. 6 Wiener No. für Wollgarn	No. 7 No. für Leinen-Garne
24,75	8,43	28,12	21,92	14,62	10,11	41,35
25	8,52	28,41	22,15	14,76	10,21	41,77
25,25	8,61	28,69	22,37	14,91	10,31	42,19
25,50	8,69	28,98	22,59	15,06	10,41	42,61
25,75	8,77	29,26	22,81	15,21	10,52	43,02
26	8,86	29,55	23,03	15,35	10,62	43,44
26,25	8,95	29,83	23,25	15,50	10,72	43,86
26,50	9,03	30,11	23,47	15,65	10,82	44,28
26,75	9,12	30,40	23,70	15,80	10,92	44,69
27	9,20	30,68	23,92	15,94	11,03	45,11
27,25	9,29	30,97	24,14	16,09	11,13	45,53
27,50	9,37	31,25	24,36	16,24	11,23	45,95
27,75	9,46	31,53	24,58	16,39	11,33	46,36
28	9,54	31,82	24,80	16,54	11,43	46,78
28,25	9,63	32,10	25,02	16,68	11,54	47,20
28,50	9,71	32,39	25,25	16,83	11,64	47,62
28,75	9,80	32,67	25,47	16,98	11,74	48,04
29	9,88	32,95	25,69	17,13	11,84	48,45
29,25	9,96	33,24	25,91	17,27	11,94	48,87
29,50	10,05	33,52	26,13	17,42	12,05	49,29
29,75	10,14	33,81	26,35	17,57	12,15	49,71
30	10,22	34,09	26,57	17,72	12,25	50,12
30,50	10,39	34,66	27,02	18,01	12,45	50,96
31	10,56	35,23	27,46	18,31	12,66	51,79
31,50	10,74	35,80	27,90	18,60	12,86	52,63
32	10,91	36,36	28,34	18,90	13,07	53,47
32,50	11,08	36,93	28,79	19,19	13,27	54,30
33	11,25	37,50	29,23	19,49	13,48	55,14
33,50	11,42	38,07	29,67	19,78	13,68	55,97
34	11,59	38,64	30,12	20,08	13,88	56,81
34,50	11,76	39,20	30,56	20,37	14,09	57,64
35	11,93	39,77	31,00	20,67	14,29	58,48
35,50	12,10	40,34	31,45	20,96	14,50	59,31
36	12,27	40,91	31,89	21,26	14,70	60,15
36,50	12,44	41,48	32,33	21,55	14,90	60,98
37	12,61	42,05	32,77	21,85	15,11	61,82
37,50	12,78	42,61	33,22	22,15	15,31	62,66
38	12,95	43,18	33,66	22,40	15,52	63,49
38,50	13,12	43,75	34,10	22,74	15,72	64,33

No. 1 Internationaler metrischer Strähn	No. 2 Stückig No. für Streichgarn	No. 3 Zählig sächs. Garn No.	No. 4 Englisch No. für Wollgarne, Wefts etc.	No. 5 Englisch No. für Baumwollg., Twiste	No. 6 Wiener No. für Wollgarn	No. 7 No. für Leinen-Garne
39	13,29	44,32	34,55	23,03	15,93	65,16
39,50	13,46	44,89	34,99	23,33	16,13	66,00
40	13,63	45,45	35,43	23,62	16,33	66,83
41	13,97	46,59	36,32	24,21	16,74	68,50
42	14,31	47,73	37,20	24,80	17,15	70,17
43	14,65	48,87	38,09	25,39	17,56	71,84
44	15,00	50,00	38,98	25,98	17,97	73,52
45	15,34	51,14	39,86	26,57	18,38	75,19
46	15,68	52,27	40,75	27,16	18,78	76,86
47	16,02	53,41	41,63	27,76	19,19	78,53
48	16,36	54,55	42,52	28,35	19,60	80,20
49	16,70	55,68	43,40	28,94	20,01	81,87
50	17,04	56,82	44,29	29,53	20,42	83,54
55	18,74	62,50	48,72	32,25	22,46	91,89
60	20,45	68,18	53,15	35,43	24,50	100,25
65	22,15	73,86	57,58	38,38	26,54	108,60
70	23,86	79,55	62,00	41,34	28,58	116,96
75	25,56	85,23	66,44	44,29	30,63	125,31
80	27,26	90,91	70,86	47,24	32,67	133,66
85	28,97	96,59	75,29	50,20	34,71	142,02
90	30,67	102,27	79,72	53,15	36,75	150,37
100	34,08	113,64	88,58	59,05	40,84	167,08

3. Kraftbedarf von Spinnerei-Maschinen.

1. Verschiedene Krempeln.

a) **Reisskrempel** älterer Konstruktion von R. Hartmann in Chemnitz:

		erfordert im		
Breite 0,90 m		Leer-	Arbeits-	Durch-
Tambour 945 mm mit 100 Umgängen	gang	gang	schnitt
Abnehmer 550 mm mit 5,35 Umgängen		0,37	0,62	0,56
Einziehwalzen 60 mm mit 1,31 Umgängen		Pferdekr.		
Lieferung 5,59 kg die Stunde				

b) **Reisskrempel** von Schellenberg in Chemnitz:

		erfordert im		
Breite 1,075 m		Leer-	Arbeits-	Durch-
Tambour 985 mm mit 105 Umgängen	gang	gang	schnitt
Abnehmer 500 mm mit 1,20 Umgängen		0,30	0,655	0,59
Einziehwalzen 90 mm mit 1,05 Umgängen		Pferdekr.		
Lieferung 6,90 kg die Stunde				

c) **Reisskrempel** von Götz & Cie. in Chemnitz:

		erfordert im		
Breite 1,05 m		Leer-	Arbeits-	Durch-
Tambour 970 mm mit 110 Umgängen	gang	gang	schnitt
Abnehmer 530 mm mit 4,82 Umgängen		0,34	0,46	0,42
Speisewalzen 47 mm mit 0,964 Umgängen		Pferdekr.		
Lieferung 7,46 kg die Stunde				

d) **Feinkrempel** von R. Hartmann in Chemnitz:

		erfordert im		
Breite 0,90 m		Leer-	Arbeits-	Durch-
Tambour 945 mm mit 100 Umgängen	gang	gang	schnitt
Kammwalze 550 mm mit 3,82 Umgängen		0,34	0,45	0,405
Einziehwalzen 50 mm mit 1,06 Umgängen		Pferdekr.		
Lieferung 4 kg die Stunde				

e) **Feinkrempel** von Schellenberg in Chemnitz:

	erfordert im		
	Leer-	Arbeits-	Durch-
entsprechend b),	gang	gang	schnitt
Lieferung 5,08 kg die Stunde	0,215	0,48	0,43
	Pferdekr.		

f) **Feinkrempel** von Götz & Cie. in Chemnitz:

	erfordert im		
	Leer-	Arbeits-	Durch-
entsprechend c),	gang	gang	schnitt
Lieferung 6,03 kg die Stunde	0,26	0,37	0,33
	Pferdekr.		

g) **Vorspinnkrempel** von R. Hartmann in Chemnitz:

	erfordert im		
	Leer-	Arbeits-	Durch-
entsprechend d),	gang	gang	schnitt
Lieferung 5,17 kg die Stunde	0,38	0,655	0,59
	Pferdekr.		

h) **Vorspinnkrempel von Schellenberg in Chemnitz:**

entsprechend b) und e)
Lieferung 5,80 kg die Stunde

erfordert im

Leer-gang	Arbeits-gang	Durch-schnitt
0,32	0,51	0,46

Pferdekr.

i) **Vorspinnkrempel von Götz & Cie. in Chemnitz:**

entsprechend c) und f)
Lieferung 8,46 kg die Stunde

erfordert im

Leer-gang	Arbeits-gang	Durch-schnitt
0,29	0,42	0,37

Pferdekr.

Diese Professor Hartig in Dresden zu verdankenden Ermittelungen ergeben, dass der Leergang der Maschinen schon 69 Proc. des Kraftaufwandes der Gesammtkraft erfordern und der Arbeitsanspruch der Wolle nur 36—40 Proc. beträgt. Verdoppelung der Auflage hat keinen sehr bedeutenden Einfluss auf den Kraftbedarf, und zwar sind die Unterschiede um so geringer, je weiter die Verarbeitung des Wollpelzes vorschreitet. Die Steigerung der Betriebskraft bei Verdoppelung betrug bei Krempel b) 37 Proc., e) 28 Proc., h) 16⅔ Proc.

Der durchschnittliche Kraftbedarf eines Satzes a), d), g) ist somit 1,725 Pferdekr. oder (mit Rücksicht auf Stillstände) 1,555 Pferdekr., eines Satzes b), e), h) 1,645 bezw. 1,48 Pferdekr., eines Satzes c), f), i) 1,25 bezw. 1,12 Pferdekr.

Andere Ermittelungen (Redtenbacher) verzeichnen als Kraftbedarf für ein Assortiment Krempeln von 1 Meter Breite 1,75 Pferdekr.

Die grossen englischen Assortimente in den Abmessungen von 1,50 und 1,60 Meter Breite beanspruchen 2½—3 Pferdekr.

2. Feinspinn-Maschinen.

Die Betriebskraft der Spinnmaschinen ist von Professor Hartig in Dresden für 1 Cylinderspindel auf 0,003 Pferdekr. bestimmt worden. Auf die Zahl der Spindeln bezogen stellt sich natürlich heraus, dass mit der Zahl die erforderliche Betriebskraft für die einzelne Spindel sinkt. Die Geschwindigkeiten der Spindeln wechseln zwischen 1800 und 3500 Umdrehungen. So wechselt auch der Kraftbedarf. Hartig's oben angegebene Zahl dürfte als ein guter Mittelwerth zu betrachten sein. Die Kraftinanspruchnahme variirt auch je nach der Feinheit des Gespinnstes. Im Allgemeinen sind auf die gröbern Nummern bis etwa Nr. 10 metrisch 260—300 Spindeln auf die Pferdekraft zu rechnen, dagegen für feinere Nummern bis zu 600 Spindeln und mehr. Durchschnittlich kommen 600 Spindeln auf ein vollständiges Assortiment bei mittleren Garn-Nummern und einer Tagesleistung von 60—90 kg. Genauere Angaben können wegen der verschiedenen Eigenschaften verschiedener Wollen mit einem Anspruch auf Zuverlässigkeit nicht gemacht werden.